"十三五"江苏省高等学校重点教材(2019-2-197)

过程装备与控制工程专业实验

刘文明　刘雪东　主　编

陈小洪　宋敏霞　别锋锋　副主编

中国石化出版社

内 容 提 要

本书是高等院校过程装备与控制工程及相关专业的实验指导教材。内容涵盖《过程设备设计》《过程流体机械》《过程装备控制技术及应用》《过程装备制造工艺》《信号测试与处理》《自动控制理论》等6门专业核心课程相关的20项专业实验内容,详细介绍了每个实验的相关理论知识以及实验过程指导,重点讲述了实验装置的构成及操作方法、仪器仪表的选择及要求、数据采集与处理方法等知识点。

本书可作为高等院校过程装备与控制工程专业的实验教材,也可供从事相关专业的工程技术人员或管理人员阅读参考。

图书在版编目(CIP)数据

过程装备与控制工程专业实验 / 刘文明,刘雪东主编 .—北京:中国石化出版社,2021.1

"十三五"江苏省高等学校重点教材

ISBN 978-7-5114-6057-8

Ⅰ.①过… Ⅱ.①刘… ②刘… Ⅲ.①化工过程-化工设备-实验-高等学校-教材②化工过程-过程控制-实验-高等学校-教材 Ⅳ.①TQ051-33②TQ02-33

中国版本图书馆 CIP 数据核字(2020)第 258014 号

中国石化出版社出版发行

地址:北京市东城区安定门外大街 58 号
邮编:100011 电话:(010)57512500
发行部电话:(010)57512575
http://www.sinopec-press.com
E-mail:press@ sinopec.com
北京柏力行彩印有限公司印刷
全国各地新华书店经销

*

787×1092 毫米 16 开本 10 印张 245 千字
2021 年 1 月第 1 版 2021 年 1 月第 1 次印刷
定价:35.00 元

前　　言

　　过程装备与控制工程专业是一门集机械工程、化学工程、控制工程等多学科于一体的交叉性学科，涉及石油、化工、石化、医药、食品、环保、控制等诸多领域。我国开设过程装备与控制工程专业的高校已超过 100 所，虽各有特色，但设置的专业课程基本都包含了《过程设备设计》《过程流体机械》《过程装备控制技术及应用》以及《过程装备制造工艺》等几门课程，相应的专业实验也都包含在这几门核心课程当中。目前，大部分高校过程装备与控制工程专业采用自行编制的实验指导书作为专业实验教材，不能构成体系，难以满足现代人才培养的需求。

　　随着工程教育认证的深入开展和国家"双一流"战略的逐步实施，越来越多的高校过程装备与控制工程专业将分散在各个专业课程的实验集中在一起，构成一门专业实验课，并作为该专业的一门核心课程开设，因此，配套的专业实验教材的建设逐步受到重视。

　　本教材编写人员为常州大学过程装备与控制工程专业任课教师或实验技术人员，多年从事一线教学和实验指导工作，有扎实的理论知识基础和丰富的实践教学经验。

　　本教材从工程实际出发，以培养学生动手能力、创新能力和解决复杂工程问题的能力为目标，精心组织教材内容。利用现代教育技术，通过在教材中嵌入微视频等方法，强化重点与难点，提升教材的整体质量，在体现知识体系完整性的同时，突出如下特色：

　　(1) 理论讲解与实验操作相结合，引导学生将实验结果与理论数据进行对比分析，掌握扎实的专业基础知识。

　　(2) 与江苏省在线课程同步建设，相辅相成，书中所有实验均配有导学视频，读者可以登录中国大学 MOOC，搜索"过程装备与控制工程专业实验"在线学习。

（3）嵌入综合性、探索性实验项目、全流程大型成套装备实验项目等，提升学生动手能力、创新能力和解决复杂工程问题的能力。

本教材可作为高等学校过程装备与控制工程专业的实验教材，也可作为从事相关专业的工程技术人员或管理人员开发实验装置、开展工程实验的参考书。

本教材由常州大学刘文明高级实验师、刘雪东教授主编，副主编为陈小洪高级实验师、宋敏霞博士、别锋锋副教授。教材在编写过程中，得到了陆怡教授、张琳教授、高光藩教授、付双成副教授、诸士春博士、彭剑博士以及彭涛、刘佳君、蒋威等三位研究生的支持与帮助，在此向他们表示衷心的感谢！

本教材得到江苏高校品牌专业建设二期项目（PPZY2015B124）资助，在此表示感谢。

由于编者水平有限，错误、疏漏及不妥之处在所难免，恳请读者批评指正。

目　　录

第1章　过程装备实验安全概论

随着过程装备的大型化、流程工业生产装置日益复杂，许多装备互相连接，形成一条很长的连续生产线，装备间互相作用，互相制约。一旦某些薄弱环节出现故障，就可能造成重大事故，给生命和财产造成巨大损失。因此，为确保流程工业生产装置的正常运转，并生产出符合质量标准的产品，要特别重视过程装备的安全可靠。这就要求过程装备与控制工程及相关专业的本科生，应当掌握必要的装备与工程安全知识，具备必要的装备与工程安全技术能力。

过程装备与控制工程专业实验室是开展教学实践和科学研究的重要基地，是全面实施综合素质教育、培养学生实验技能、知识创新和科技创新能力的重要场所，也是学习、实践相关工程安全技术能力的重要环节。因此，在过程装备实验教学和操作的过程中，要特别重视实验安全，让学生掌握必备的过程装备安全知识，以及相关安全事故应急处理措施。本章主要介绍过程装备常见事故及危害，实验室典型过程装备及其安全技术，以及实验室安全事故应急与救援相关基本知识。

1.1　过程装备常见事故及危害

1.1.1　过程装备安全特点

过程装备通常是指过程工业生产过程中应用的各种设备，过程装备通常可分为过程机械和过程设备两大类。从安全的角度来说，过程工业生产具有如下特点：

（1）工作介质多为易燃易爆、有毒有害和有腐蚀性的危险化学品；

（2）生产过程复杂，工艺条件苛刻恶劣；

（3）生产规模大型化、生产过程连续化；

（4）生产过程自动化程度高，局部停机将导致全线停机，运行中无法停机排除小故障隐患；

（5）事故应急救援难度大。

这些特点决定了过程工业发生事故的可能性和后果的严重性比其他行业要大得多，所以安全生产显得尤为重要。

1.1.2　过程装备常见事故

1. 爆炸事故

按照产生的原因和性质，爆炸事故可以分为物理爆炸、化学爆炸和核爆炸三类。

物理爆炸是一种物理过程，在爆炸中，介质只发生物态变化，不发生化学反应。这类爆炸一般是由于物质的状态或压力、温度等发生突变而引起的爆炸，爆炸前后物质的种类和化学成分均不发生变化。过程设备发生物理爆炸通常有两种情况：一种是在正常操作压力下发生，破坏形式常见于脆性断裂、疲劳断裂和应力腐蚀开裂等；另一种是在超压情况下发生，一般是由于没有按规定安装安全泄放装置或安全泄放装置失灵、液化气体充装过量而严重受热迅速膨胀、操作失误或违章超负荷运行等原因引起的，一般属于韧性断裂。

化学爆炸是指在设备内物质发生极迅速、剧烈的化学反应而产生高温高压引起的瞬间爆炸现象。发生化学爆炸前后物质种类和化学成分均发生根本的变化。在过程工业生产中发生的化学爆炸事故主要有两类：一类是某些物质(如乙烯、环氧乙烷等分解性气体或某些炸药等)的分解爆炸；另一类为混合物爆炸，也就是可燃气体或粉尘与空气混合，达到一定的浓度后，遇火源而发生的异常激烈的燃烧，甚至发生迅速的爆炸。后一类爆炸引发的事故较多，应重点防范。

原子爆炸(核爆炸)是指某些物质的原子核发生裂变反应，瞬间放出巨大能量而形成的爆炸。

2. 腐蚀破坏事故

腐蚀现象几乎涉及国民经济的一切领域。在过程工业生产中，参与反应的介质以及反应产物大多数是具有腐蚀性的。因此，与各种酸碱盐等强腐蚀介质接触的化工机器与设备腐蚀问题尤为突出，特别是处于高温、高压、高流速工况下的机械设备，往往会引起材料迅速地腐蚀破坏。

腐蚀造成的危害是十分惊人的，腐蚀会导致过程设备的金属器壁变薄、变脆，更严重的是造成设备跑、冒、滴、漏现象，污染环境而引起公害，甚至发生中毒、火灾、爆炸等恶性事故。

金属腐蚀按机理一般可以分为化学腐蚀与电化学腐蚀两类。化学腐蚀是指金属与非电解质直接发生化学作用而引起的破坏，腐蚀过程中没有电流的产生，其过程符合化学动力学规律；电化学腐蚀是金属与电解质溶液发生电化学作用而引起的破坏，反应过程中同时有阳极失去电子、阴极获得电子以及电子的流动，即有电流的产生，其过程符合电化学动力学规律。

3. 泄漏事故

由于密闭容器、管道、设备等内外两侧存在压力差，因此在其使用过程中，内部介质在不允许流动的部位通过孔、毛细管等缺陷渗出、漏失或允许流动的部位流动量超过允许量的一种现象，叫作泄漏。泄漏需要通道和压力差两个条件，而压力差是产生泄漏的根本原因。

现代过程工业中高温(变温)、高压(变压)、高速、高真空、深冷、易燃、易爆、剧毒、强腐蚀性、超大规格等工况日益增多，这些系统中任何部位的泄漏都可能会造成更为严重的危害，并且对这些设备的泄漏防治也相对困难。美国国家环保局(THE UNITED STATES EPA)发现大约12%的挥发性有害气体排放量(VHAP)都是由工厂法兰与换热器的泄漏造成的；日本曾对该国化工厂发生的事故进行分析，其中火灾、爆炸、设备破坏、中毒等事故中，有近一半是由于泄漏造成的。泄漏有时只发生在局部很小的地方，不易被发现，但所造成的后果却十分严重，有时甚至是灾难性的。

1.1.3 过程装备事故的危害

处在较为极端工况条件下的过程装备，一旦发生事故，除造成设备破坏外，还极易引发二次事故，造成更大的人员伤亡和财产损失。过程装备发生事故的直接危害主要有碎片打击、冲击波破坏、有毒气体、液体的毒害以及由此引发的二次爆炸伤害等。

1. 碎片的打击危害

对于过程装备而言，无论是过程机器还是承压类设备，一旦发生事故，设备本体都有可能破碎成大小不等的碎片。过程机器的高速运转部件自身具有较高的动能，而承压类设备本身等同于巨型炸弹，特别是发生化学爆炸和物理爆炸的设备，设备破裂后的碎片等同于弹片，在巨大的能量作用下也会具有较大的动能，这些碎片在飞出的过程中可能会洞穿房屋，破坏附近设备和管道，并危及附近人员的生命安全。

爆炸碎片除产生直接破坏外，一旦爆炸碎片击中周围设备或管道，又极易引发周围设备的破坏，进而引起连锁事故，造成更大的危害。

2. 冲击波危害

承压设备发生爆炸时，其中80%以上的能量是以冲击波的形式向外扩散的，这是承压设备爆炸能量释放的主要形式。承压设备发生爆炸后，其瞬间产生的高温高压气体迅速由受限空间(设备内部)向四周快速运动，像一个大活塞一样在一定时间内快速推动周围空气，使其状态(压力、密度、温度等)发生突变，形成压缩波和波阵面在空气介质中以突进形式向前传播，这就是冲击波。

在离爆炸中心一定距离的地方，空气压力会随着时间迅速发生变化，开始时压力突然升高，产生一个很大的正压力，之后迅速衰减，在很短的时间内降至零甚至负压。如此反复循环几次，正压力逐步降低，直至趋于平衡。冲击波产生的破坏主要是由开始时产生的最大正压力及冲击波波阵面上的超压引起的。

在承压设备爆炸中心附近形成的冲击波超压值可以达到几个大气压，在这样的冲击波超压下，建筑物会被摧毁，设备和管道也会受到严重破坏，并造成人员伤亡。

3. 有毒气体、液体的危害

过程装备所处理的物料大多数具有毒性，例如液氨、液氯、二氧化硫、二氧化氮等气体和有害液体。当设备破裂后，有毒介质会发生泄漏，部分介质会流入地沟，造成严重的环境污染；部分介质汽化后，向周围扩散形成有毒蒸气云团，在空气中漂移、扩散，笼罩很大空间，造成了人和动物中毒，直接影响人们的身体健康，甚至危及生命。

4. 二次爆炸危害

处理物料为可燃性介质的过程设备发生事故后，其内部介质蒸发成气体与周围空气混合，极易达到其爆炸极限，在外部明火的作用下，就有可能发生燃烧爆炸，并引燃剩余介质。爆炸燃烧后的高温燃气与周围空气升温膨胀，形成体积巨大的高温燃气团，使周围很大区域变成火海，甚至引起更强的冲击波破坏。

因此，保证过程装备安全运行，是关系到生命财产安全以及社会稳定的大事。这就需要对物料和设备结构进行更为详尽的了解，对可能的危险做出准确的评估并采取恰当的对策，对于过程装备的设计、制造、运行、管理提出更高的要求，确保过程装备安全运行。

1.2 实验室典型过程装备及其安全操作规程

过程装备种类繁多，广泛应用于传热、传质、化学反应和储存物料等方面，按工艺用途可以分为反应设备、换热(传热)设备、分离设备和储存设备等，随着化工生产的大型化、自动化和连续化，过程装备的可靠性和安全要求也越来越高。因此，在本科专业知识学习期间，尤其是在专业实验操作阶段，要很好地掌握典型过程装备的类型、结构、危险性以及安全运行技术。本节主要介绍几种实验室常见的典型过程装备及其安全操作规程。

1. 锅炉

锅炉是指利用各种燃料、电或者其他能源，将所盛装的液体加热到一定的参数，并通过对外输出介质的形式提供热能的设备，也就是生产蒸汽的设备。电加热锅炉主要由锅炉本体和电控箱及控制系统组成，其特点是环保、清洁、无污染、无噪声、全自动，完全符合高校实验室特点及使用要求，因此各高校越来越多地使用电加热锅炉来生产蒸汽，如图1-1所示。

电加热锅炉安全操作规程：

（1）本锅炉严禁在缺水情况下运转，以防止干烧而损坏电热棒；

（2）由于本锅炉为用电锅炉，内有高压，任何非专业人员不得随意拆卸本锅炉，否则发生一切事故后果自负；

（3）除专业维修人员外，任何人不得私自启动、打开或拆卸配电柜，配电柜的门要锁好；

（4）启动泵之前，一定要先检查相应的阀门是否完全打开，内外循环泵要同时启动；

（5）启动时先启动主柜，主柜正常后再启动副柜；不得随意改动配电柜内空开、热继电器的数值；手动时电热器启动间隔时间要超过10s；

（6）在设备运转过程中，如果大小空开跳闸，要查出原因，待解决后方可再送电启动设备运转；

（7）设备在启动或运转时，锅炉本体两侧如有较大的火花和爆炸声，应紧急停止；

（8）随时监视配电柜的电流，当发生异常的声音或闪光时，要立即停机进行常规检查，如不能解决须请专业人员维修；

（9）停电时，先停分支空开，后停总空开，送电顺序相反。

2. 压力容器

压力容器是指盛装气体或者液体，承载一定压力的密闭设备，在过程工业领域，主要用于传热、传质、反应等工艺过程，以及储存、运输有压力的气体或液化气体。压力容器也是理工科实验室常用且极具危险性的设备，如各类气体钢瓶、储气罐、反应罐等，如图1-2所示。一旦出现安全事故，其超强的爆炸做功能力将成为导火索，引爆实验室各种安全隐患，造成恶性连锁反应式灾难。

图1-1 电加热蒸汽锅炉

图1-2 储气罐

常用压力容器安全操作规程：

（1）操作人员必须遵守压力容器安全操作规程；

（2）压力容器操作人员必须是受过培训，经过考核并取得操作资格证书的人员，必须了解压力容器基本结构和主要技术参数，熟悉操作工艺条件；

（3）应做到平稳操作、缓慢加压和缓慢泄压的升温和降温，运行期间保持压力和温度的相对稳定，严禁超温超压运行；

（4）掌握紧急情况的处理办法，发生故障严重威胁安全时，应立即采取紧急措施停止容器运行，并报告有关部门；

（5）压力容器必须按规定定期检验，保证压力容器在有效的检验期内使用，否则不得使用；

（6）操作人员要加强压力容器运行期间的巡回检查（包括工艺条件容器状况及安全装置等），发现不正常情况时，应立即采取措施进行调整或排除，以免恶化，当发现容器出现故障或问题时，应立即处理，并及时报告本单位相关负责人。

3. 反应设备

在工业生产过程中，为化学反应提供反应空间和反应条件的装置称为反应设备或反应器。反应设备有如下作用：通过对参加反应介质的充分搅拌，使物料混合均匀；强化传热效果和相间传质；使气体在液相中均匀分散；使固体颗粒在液相中均匀悬浮；使不相容的另一液相均匀悬浮或充分乳化。反应设备按结构形式分类，可以分为搅拌釜式反应器、管式反应器、塔式反应器、固定床反应器、流化床反应器等。过程装备实验室中最常见的是搅拌反应器，如图1-3所示。

搅拌反应器安全操作规程：

（1）加料时要严防金属硬物掉入设备内，运转时要防止设备受振动；

（2）尽量避免冷罐加热料和热罐加冷料，严防温度骤冷骤热；

（3）检查与反应釜有关的管道与阀门，在确保符合受料条件的情况下，方可投料；

（4）检查搅拌电机、减速机、机封等是否正常，减速机油位是否适当，机封冷却水是否供给正常，在确保无异常的情况下，启动搅拌，按规定量投入物料；

（5）由于装置运行时速度较高，实验前需检查装置各安装螺丝的松紧程度，严防实验过程产生松脱现象；

（6）实验前需检查搅拌桨与搅拌筒体及搅拌挡板之间的间距，防止桨叶运转时因与筒体或挡板接触而导致搅拌桨或筒体损坏；

（7）调整搅拌桨高度应在转子停止运转时进行，不得在转子运转时调整搅拌桨高度；

（8）量测筒体直径、搅拌桨深度、介质液位、黏度、温度等参数时搅拌装置须停止工作，禁止在搅拌装置通电的情况下进行量测；

（9）转子运转时严禁触摸装置的运转部位，遇紧急情况须立即关断电源。

图1-3　搅拌反应器

4. 换热设备

换热设备是实现热量从热流体传递到冷流体的装置,又称热交换器,在过程工业中有着广泛的应用。换热器按作用原理或传热方式分类,可分为间壁式、蓄热式、直接接触式和中间载热体式四大类。过程工业最常用的是间壁式换热器,是通过将两种流体隔开的固体壁面进行传热的换热器,间壁式换热器有管壁传热式换热器和板壁传热式换热器。过程装备实验室中最常见的是固定管板式换热器(见图1-4)便属于管壁传热式换热器。

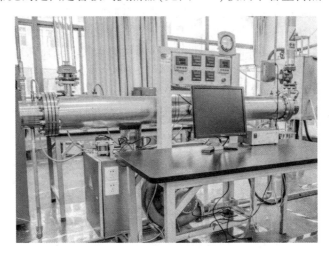

图1-4　固定管板式换热器

换热器安全操作规程:

(1) 投运前应检查压力表、温度计、液位计以及有关阀门是否齐全完好;

(2) 输入蒸汽前先打开冷凝水排放阀门,排除积水和污垢;打开放空阀,排除空气和其他不凝性气体;

(3) 换热器投运时要先通入冷流体,缓慢或分数次通入热流体,做到先预热后加热,切忌骤冷骤热,以免换热器受到损坏,影响其使用寿命;

(4) 进入换热器的冷热流体如果含有大颗粒固体杂质和纤维质,一定要提前过滤和清除;

(5) 经常检查两种流体的进出口温度和压力,发现温度、压力超出正常范围或有超出正常范围的趋势时,要立即查出原因,采取措施,使之恢复正常;

(6) 定期检查换热器有无渗漏、外壳有无变形以及有无振动,若有应及时处理;

(7) 定期排放不凝性气体和冷凝液,定期进行清洗。

5. 压缩机

压缩机是一种用于压缩气体、提高气体压力和输送气体的机械。按照压缩气体的原理、能量转换方式的不同,压缩机可以分为容积式和透平式两种基本类型。容积式压缩机是依靠气缸工作容积的周期性变化来压缩气体,以提高气体压力的机械,如往复活塞式压缩机(见图1-5)、回转式压缩机等。透平式压缩机依靠高速回转的叶轮,使气体在离心力作用下以很高的速度甩出,从而获得速度能和压力能,然后通过扩压元件将速度能转化为压力能。

图 1-5 往复活塞式压缩机

压缩机安全操作规程：

（1）时刻注意压缩机的压力、温度等各项工艺指标是否符合要求，如有超标现象，应及时查找原因，及时处理；经常检查润滑系统，使之通畅良好；

（2）必须保证冷却器和水夹套的水畅通，不得有堵塞现象，冷却器和水夹套必须定期清洗，冷却水温度不应超过40℃；

（3）应随时注意压缩机各级出入口的温度，如果压缩机某段温度升高，应立即查明原因，做相应的处理，如不能立即确定原因，则应停机全面检查；

（4）应定时把分离器、冷却器、缓冲器分离下来的油水排掉；

（5）应经常注意压缩机的各运动部件的工作状况，如有不正常的声音、局部过热、异常气味等，应立即查明原因，做相应的处理，如不能准确判断原因，应紧急停车处理；

（6）压缩机运转时，如果气缸盖、活门盖、管道连接法兰、阀门法兰等部位漏气，需停机卸掉压力后再进行处理；严禁带压松紧螺栓，以防受力不均，负荷较大导致螺栓断裂；

（7）在寒冷季节，压缩机停车后，必须把气缸水夹套和冷却器中的水排净或使水在系统中强制循环，以防止气缸、设备和管线冻裂；

（8）压缩机开车前必须盘车。

6. 离心机

离心机是利用离心力来分离液-固相（悬浮液）、液-液相（乳浊液）非均一系混合物的一种典型的化工机器（见图1-6）。由于离心机的转速极高，处理的物料大多是易燃易爆物质，因操作不慎或违章作业，引起转鼓破裂、位移、物料泄漏等，都可能导致火灾等事故的发生。

离心机安全操作规程：

（1）使用离心机前，确保室内无异物，仔细检查转子和离心管，严禁使用有裂纹或腐蚀的转子、离心管；

（2）在转子使用和保存中，应防止碰伤、擦伤和刮伤；

（3）启动离心机运转前，确保门锁开关已关闭，离心机运行时严禁移动离心机，不得

图 1-6 离心机

在机器运转过程中或转子未停稳的情况下，打开盖门或移动离心机，以免发生故障；

（4）使用高转速时（大于8000r/min），要先在较低转速运行2min左右以磨合电机，然后再逐渐升到所需转速，不要瞬间运行到高转速，以免损坏电机；

（5）离心机一次运行最好不要超过30min，对于有压缩机制冷的离心机，每次停机后再开机的时间间隔应大于5min，以免压缩机损坏；

（6）严禁转子超出其额定转速运转，严禁无转子高速运转；

（7）勿用离心机分离易燃易爆样品；勿在距离离心机300mm内使用和存放易燃、易爆样品。

1.3 实验室事故应急与救援

实验室在日常管理和实验作业过程中，积极采取各种措施，消除安全隐患，可以有效防范实验室安全事故的发生。一旦发生了实验室事故，若是能采取有效措施，可以最大限度地减少人员伤亡及财产损失。本节简要介绍实验室事故处理基本原则以及燃烧、爆炸事故、触电事故、烧伤、冻伤、割伤等事故的应急与救援措施。

1.3.1 实验室事故应急处理原则

1. 冷静对待、正确判断

实验室一旦发生安全事故，首先不能情绪失控、手忙脚乱，要冷静对待，对事故情况作出正确的判断，如果平时参加过应急演练，这时往往能体现出镇静。

2. 及时行动、有效处理

当对事故有了正确的判断后，要立即有针对性地采取行动，有效地控制事故，包括救火、救人、救物、控制事态的进一步发展等，应尽量切断有毒、易燃易爆气体源，切断电源，移走易燃、易爆物质等。火灾初期的10~15min非常重要，如果能利用现场的灭火器材及时扑救，措施得当，火情就能被控制，否则将会引起大火。

3. 报告主管、通告旁人

在采取行动的同时，应尽量通过呼叫、电话等方式报告实验室主管教师和拨打"119"

报警电话，并通告旁人，一起加入救灾救援行动，切忌因惊慌而不声不响地逃离。

4. 控制不住、及时撤离

对于火灾事故，如果火势很旺，已经不能控制，发现或意识到自己可能被火围困、生命安全受到威胁时，要立即放弃手中的工作，争分夺秒设法脱险，撤离时应想好正确的逃生路线，别进入死胡同。

5. 相互照应、自救他救

在事故现场，每个人都应该相互照应，相互帮助，既要自救，也要对有需要的他人施予救援。

1.3.2 燃烧、爆炸事故应急处理

1. 灭火基础知识

冷却法：对一般可燃物火灾，用水喷射、浇洒即可将火熄灭。

窒息法：用二氧化碳、氮气、灭火毯、石棉布、砂子等不燃烧或难燃烧的物质覆盖在燃烧物上，即可将火熄灭。

隔离法：将可燃物附近易燃烧的东西撤到远离火源的地方。

抑制法（化学中断法）：用卤代烷化学灭火剂喷射、覆盖火焰，通过抑制燃烧的化学反应过程，使燃烧中断，达到灭火目的。

2. 火灾初起的紧急处理

发现火灾时应立即呼叫周围人员，积极组织灭火。若火势较小，应立即报告所在楼宇物管和学校保卫处。若火势较大，应拨打"119"报警。拨打"119"火警电话时要情绪镇定，说清发生火灾的单位名称、地址，起火楼宇和实验室房间号，起火物品，火势大小，有无易爆、易燃、有毒物质，是否有人被困，报警人信息（姓名、电话等）。接警人员说消防人员已经出警，方可挂断电话，并且派人在校门口等候，引导消防车迅速准确到达起火地点。

3. 消防器材使用方法

实验人员要了解实验使用药品的特性，及时做好防护措施。要了解消火栓、各类灭火器、沙箱、消防毯等灭火器材的使用方法。

1）消火栓

打开箱门，拉出水带，理直水带。水带一头接消火栓接口，一头接消防水枪。打开消火栓上的水阀开关。用箱内小榔头击碎消防箱内上端的按钮玻璃，按下启泵按钮，按钮上端的指示灯亮，说明消防泵已启动，消防水可不停地喷射灭火。出水前，要确保关闭火场电源。

2）常用灭火器

干粉灭火器：主要针对各种易燃、可燃液体及带电设备的初起火灾；不宜扑灭精密机械设备、精密仪器、旋转电动机的火灾。

二氧化碳灭火器：主要用于各种易燃、可燃液体火灾，扑救仪器仪表、图书档案和低压电器设备等初起火灾。

操作要领：将灭火器提到距离燃烧物 3~5m 处，放下灭火器，拉开保险插销→用力握下手压柄喷射→握住皮管，将喷嘴对准火焰根部。

4. 火场自救与逃生常识

（1）安全出口要牢记。应对实验室逃生路径做到了如指掌，留心疏散通道、安全出口及楼梯方位等，以便关键时刻能尽快逃离现场。

（2）防烟堵火是关键。当火势尚未蔓延到房间内时，紧闭门窗、堵塞孔隙，防止烟火窜入。若发现门、墙发热，说明大火逼近，这时千万不要开窗、开门。要用水浸湿衣物等堵住门窗缝隙，并泼水降温。

（3）做好防护防烟熏。逃生时经过充满烟雾的路线，要防止烟雾中毒、预防窒息。为了防止火场浓烟吸入，可采用浸湿衣物、口罩蒙鼻、俯身行走、伏地爬行撤离的办法。

（4）生命安全最重要。发生火灾时，应尽快撤离，不要把宝贵的逃生时间浪费在寻找、搬离贵重物品上。已经逃离险境的人员，切莫重返火灾点。

（5）突遇火灾，面对浓烟和烈火，一定保持镇静，尽快撤离险地。不要在逃生时大喊大叫。逃生时应从高楼层处向低楼层处逃生。若无法向下逃生，可退至楼顶，等待救援。

（6）发生火情勿乘电梯逃生。火灾发生后，要根据情况选择进入相对较为安全的楼梯通道。千万不要乘电梯逃生。

（7）被烟火围困暂时无法逃离时，应尽量待在实验室窗口等易于被人发现和能避免烟火近身的地方，及时发出有效的求救信号，引起救援者的注意。

（8）当身上衣服着火时，千万不可奔跑和拍打，应立即撕脱衣服或就地打滚，压灭火苗。

（9）如果安全通道无法安全通过，救援人员不能及时赶到，可以迅速利用身边的衣物等自制简易救生绳，从实验室窗台沿绳缓滑到下面楼层或地面安全逃生，切勿直接跳楼逃生。不得已跳楼（一般3层以下）逃生时应尽量往救生气垫中部跳或选择有草地等地方跳。如果徒手跳楼逃生一定要扒窗台使身体自然下垂跳下，尽量降低垂直距离。

1.3.3　触电事故应急处理

1. 触电事故处理原则

先断电后救人。由于电具有看不见、摸不着、嗅不到的特性，并有网络性，若救援措施不当，极易使施救者也发生触电事故。因此，当有人员触电时，必须首先切断电源，而后方可进行救援。

2. 触电伤员的表现

（1）轻者有头晕、心悸、面色苍白、四肢乏力等症状；

（2）重者有尖叫后立即昏迷、抽搐、休克、呼吸停止等症状，甚至死亡；

（3）皮肤局部出现电灼伤，伤处焦化或炭化；

（4）电击后综合征，出现胸闷、手臂麻木不适等。

3. 触电事故的应急处理

当看到有人触电时，不可以惊慌失措，应沉着应对。首先，使触电者与电源分开，然后根据情况展开急救。越短时间内开展急救，被救活的概率就越大。

急救步骤和方法：

1）使人体和带电体分离

（1）关掉总电源，拉开闸刀开关或拔掉熔断器。

（2）如果是家用电器引起的触电，可拔掉插头。

（3）使用有绝缘柄的电工钳，将电线切断。

（4）用绝缘物从带电体上拉开触电者。

2）急救

现场救护当触电者脱离电源后，如果神志清醒，使其安静休息；如果严重灼伤，应送医院诊治。如果触电者神志昏迷，但还有心跳呼吸，应该将触电者仰卧，解开衣服，以利呼吸；周围的空气要流通，要严密观察，并迅速请医生前来诊治或送医院检查治疗。如果触电者呼吸停止，心脏暂时停止跳动，但尚未真正死亡，要迅速对其进行人工呼吸和胸外按压。具体操作方法和步骤如下：

（1）将触电者仰卧在木板或硬地上，解开领口、裤带，使其头部尽量后仰，鼻孔朝天，使舌根不致阻塞气道。再用手掰开其嘴，取出口腔里的假牙、呕吐物、黏液等，畅通气道。

（2）然后，一只手托起他的下颌，另一只手捏紧其鼻子，人工呼吸约 2s，使被救者胸部扩张。

（3）接着放松口、鼻，使其胸部自然缩回，呼气约 3s。如此反复进行，每分钟吹气约12 次。

（4）如果无法把触电者的口张开，则改用口对鼻人工呼吸法。此时，吹气压力应稍大，时间也稍长，以利空气进入肺内。如果触电者是儿童，则只可小口吹气，以免使其肺部受损。

1.3.4 机械伤害事故应急处理

1. 烧伤

烧伤是由火焰、蒸汽、热液体、电流、化学物质等作用于人体所引起的损伤。其应急处理方法为：

1）迅速脱离致伤源

火焰烧伤：衣物着火时，应迅速脱去衣物，或采用水浇灌或就地打滚等方法熄灭身上的火焰，不得用手扑打，不得奔跑，以防扩大烧伤范围。

热液烫伤：应先用冷水冲洗带走热量后，再用剪刀剪开并除去衣物，尽可能避免将水疱皮剥脱。

化学品烧伤：应立即脱去沾染化学品的衣物，迅速用大量清水长时间冲洗，尽可能去除体表上的化学物质，冲洗时应避免扩大烧伤面积。

电烧伤：可在切断电源的基础上，按火焰烧伤进行处理。

2）冷却处理

烧伤面积较小时，可先用冷水冲洗 30min 左右，再涂抹烧伤膏。当烧伤面积较大时，可用冷水浸湿的干净衣物(或纱布、毛巾、被单等)敷在创面上，然后就医。

3）保护创面

现场处理时，应尽可能保持水疱皮的完整，不要撕去受损的皮肤，切不可涂抹有色药物或其他物质(如红汞、龙胆紫、酱油、牙膏等)，以免影响对创面深度的判断和处理。

4）及时就医

严重烧伤或大面积烧伤时，应立即拨打 120 尽快送医院治疗，在等待送医或送医途中应进行冷却。

2. 割伤

割伤是由于锐器(如剪刀、刀片、玻璃等)作用于人体,导致肌肤破损。其应急处理方法为:

(1) 伤口浅时,可用肥皂水(或淡盐水、清水等)冲洗伤口后,用酒精或碘酒进行局部消毒,最后贴上创可贴,或用消毒的纱布对伤口进行包扎,如有异物需先除去异物。

(2) 伤口深小时,应先去除异物,用双手拇指将伤口内的血挤出,用双氧水彻底冲洗伤口,然后用酒精或碘酒进行局部消毒,并用消毒的纱布对伤口进行包扎,然后送医院处理,切忌在伤口上涂抹油性药膏,封闭伤口,切不可因为伤口小而不处理,防止破伤风。

(3) 伤口深且大时,应立即止血,并尽快送医院治疗。一般可通过按压进行止血,即在伤口处敷上消毒敷料,并在伤口处直接打结包扎。如果仍不能止血或异物无法取出时,可先用布带、皮带、领带、橡皮管、毛巾等在离出血点3cm近心端的方向进行捆扎止血。注意捆扎不能太紧,以能伸出两指为宜。如果受伤部位在四肢,可通过抬高受伤部位,减少患者出血。严禁用铁丝、电线等代替止血带,以免勒伤组织。

(4) 其他注意事项:

头部受伤时,因其血管多且容易出血,即使小伤口也会引起大出血。出血时最好先用手指压迫耳前可触及脉搏的地方,其后用包头布把头部周围紧紧包扎起来。

脸部的嘴、鼻等器官割伤出血时,会有堵塞呼吸道的危险,应让伤者俯伏,这样既容易排出分泌物或流出的血,也可防止舌头下坠,堵塞气管。

颈部因密布着重要的血管和神经,受伤时必须进行恰当的处理。大量出血时可压迫颈部气管两侧的颈外动脉,注意不能双侧同时压迫,以防止脑供氧不足或窒息。出现休克症状时,要把下肢抬高。

四肢大血管出血时,每隔半小时应放松布带、皮带等止血捆扎物品一次。

3. 骨科创伤

骨折发生后,固定是创伤救护的一项基本任务。正确良好的固定能迅速减轻病人的疼痛,减少出血。

如上肢受伤,则将伤肢固定于胸部;前臂受伤可用书本等托起悬吊于颈部,起临时保护作用;下肢骨折时不要试着站立,应将受伤肢体与健侧肢体并拢,用宽带绑扎在一起;脊柱骨折时应将病人放于担架上,平卧搬运,不要让病人在弯腰姿势下搬动,以免损伤脊髓。防止损伤脊髓、血管、神经等重要组织,也是搬运的基础,有利于转运后的进一步治疗。如不固定,在搬运过程中骨折端容易刺破血管、神经甚至造成脊髓损伤、截瘫等严重后果。

固定方法:可以用木板附在患肢一侧,在木板和肢体之间垫上棉花或毛巾等松软物品,再用带子绑好,松紧要适度。木板要长出骨折部位上下两个关节,做超过关节固定,这样才能彻底固定患肢。如果家中没有木板,可用树枝、面杖、雨伞、报纸卷等物品代替。

皮肤有破口的开放性骨折,由于出血严重,可用干净消毒纱布压迫,在纱布外面再用夹板。压迫止不住血时,可用止血带,并在止血带上标明止血的时间。完成包扎后,如伤者出现伤肢麻痹或脉搏消失等情况,应立即松解绷带。如伤口中已有脏物,不要用水冲洗,不要使用药物,也不要试图将裸露在伤口外的断骨复位。应在伤口上覆盖灭菌纱布,然后适度包扎固定。

如伤口中已嵌入异物，不要拔除。可在异物两旁加上敷料，直接压迫止血，并将受伤部位抬高，在异物周围用绷带包扎。千万注意不要将异物压入伤口，以免造成更大伤害。

4. 其他机械损伤

（1）发生断手、断指等严重情况时，对伤者伤口要进行包扎止血、止痛并进行半握拳状的功能固定。对断手、断指应用消毒或清洁敷料包好，忌将断指浸入酒精等消毒液中，以防细胞变质。将包好的断手、断指放在无泄漏的塑料袋内，扎紧好袋口，在袋周围放置冰块，或用冰棍代替，速随伤者送医院抢救。

（2）发生撕裂伤可采取以下急救措施：必须及时对伤者进行抢救，采取止痛及其他对症措施；用生理盐水冲洗有伤部位，涂红汞后用消毒大纱布块、消毒棉花紧紧包扎，压迫止血；使用抗菌素，注射抗破伤风血清，预防感染；送医院进一步治疗。

（3）铁屑飞到眼睛里时，不要勉强反复沾拭和来回擦拭，切忌揉搓，更不能盲目自行剔除，一定要去正规医院的眼科进行治疗，预防感染。

第2章　过程设备设计实验

2.1　内压薄壁容器应力测定实验

2.1.1　内压薄壁容器应力分布与测量

1. 内压薄壁容器应力分布

薄壁容器在内压 p 的作用下，容器壁上任一点将产生两个方向的应力：一是由于内压作用于封头上而产生的轴向拉应力，称为经向应力或轴向应力，用 σ_φ 表示；二是由于内压作用使容器均匀向外膨胀，在圆周的切线方向产生的拉应力，称为周向应力或环向应力，用 σ_θ 表示。除上述两个应力分量外，沿壁厚方向还存在着径向应力 σ_r，但它相对 σ_φ 和 σ_θ 要小得多，所以在薄壁容器中不予考虑，于是我们可以认为内压薄壁容器上任意一点处于二向应力状态。

2. 电阻应变法测量应变原理

在实际工程中，不少结构由于形状与受力较复杂，进行理论分析时困难较大，或是对于一些重要结构在进行理论分析的同时，还需对模型或实际结构进行应力测定，以验证理论分析的可靠性和设计的精确性，所以实验应力分析在压力容器的应力分析和强度设计中具有十分重要的作用。现在的实验应力分析方法已有十几种，在压力容器应力分析中最广泛采用的是电测法。电测法可用于测量实物与模型的表面应变，具有很高的灵敏度和精度。由于它在测量时输出的是电信号，因此易于实现测量的数字化和自动化，并可进行无线电遥测，既可用于静态应力测量，也可用于动态应力测量，而且高温、高压、高速旋转等特殊条件下也可进行测量。

电阻应变片是一种能将变形转换为电阻变化的传感元件，其结构如图 2-1 所示。电测应变测量法是在被测构件表面测点粘贴电阻应变片，随着构件受力变形，电阻应变片随之变形，如图 2-2 所示。电阻丝长度及截面的改变引起电阻值的相应改变，再通过电阻应变测量仪把电阻的变化转化为电压或电流，并加以放大、调制和解调，电阻应变片的电阻变化经电阻应变测量仪放大后在应变仪上指示，即测得应变。其转化规律参照公式(2-1)。

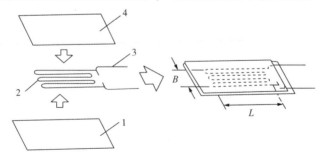

图 2-1　电阻应变片结构示意图

1—基底；2—敏感原件；3—引出线；4—覆盖层

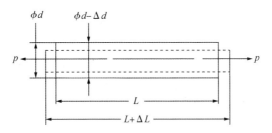

图 2-2　电阻应变片受拉伸变形情况

$$\frac{\Delta R}{R} = K\frac{\Delta L}{L} = K\varepsilon \qquad (2-1)$$

式中　R——电阻应变片原始电阻，Ω；

　　　ΔR——电阻应变片电阻变化量，Ω；

　　　$\dfrac{\Delta R}{R}$——应变片电阻值的相对变化；

　　　K——应变片的灵敏系数；

　　　ε——构件测点处应变。

由于一支电阻应变片只能测出一个点在一个方向上的线应变，因此测定容器的应力分布要有选择地确定布片位置。

由于电阻片只能测量出变形的相对量，因而测量必须在不同载荷下进行，得到与载荷变化对应的应变变化，并以此来计算相应的应力变化。

3. 应力测定的基本原理

薄壁容器受内压后，器壁各点均处于二向应力状态，当变形在弹性范围以内时，容器壁内各点的应力应变符合广义虎克定律。按照广义虎克定律，在弹性范围内，应力应变关系为：

$$\varepsilon_1 = \frac{1}{E}\left[\sigma_1 - \mu(\sigma_2 + \sigma_3)\right] \qquad (2-2)$$

$$\varepsilon_2 = \frac{1}{E}\left[\sigma_2 - \mu(\sigma_1 + \sigma_3)\right] \qquad (2-3)$$

$$\varepsilon_3 = \frac{1}{E}\left[\sigma_3 - \mu(\sigma_1 + \sigma_2)\right] \qquad (2-4)$$

单向应力状态：

$$\sigma = E\varepsilon \qquad (2-5)$$

双向应力状态：

$$\varepsilon_1 = \frac{1}{E}(\sigma_1 - \mu\sigma_2) \qquad (2-6)$$

$$\varepsilon_2 = \frac{1}{E}(\sigma_2 - \mu\sigma_1) \qquad (2-7)$$

由此可求得该点两个主应力：

$$\sigma_1 = \frac{E}{1-\mu^2}(\varepsilon_1 + \mu\varepsilon_2) \qquad (2-8)$$

$$\sigma_2 = \frac{E}{1-\mu^2}(\varepsilon_2 + \mu\varepsilon_1) \qquad (2-9)$$

式中　E——弹性模量，Pa；

　　　μ——泊松比。

2.1.2　内压薄壁容器应力测定实验

1. 实验目的

（1）掌握电阻应变法测量应力的基本原理；

（2）熟悉并掌握电阻应变仪的使用方法；

（3）测定不同形式顶盖和筒体在内压作用下的应力分布，以及几何不连续位置的边缘应力；

（4）验证顶盖、筒体及边缘应力的理论计算公式。

2. 实验装置

实验装置如图2-3所示。

图2-3　实验装置图

本试验主要仪器设备如下：

（1）带有不同形式封头的薄壁容器。

（2）手动试压泵。

（3）静态应变测量仪 DH3818。

（4）内压实验控制柜。

3. 实验步骤

（1）测量、记录容器的尺寸，画出容器草图。

（2）确定测点，测量各测点在壳体上的位置，标注在草图上。

（3）找到平衡箱各点与测点之间的对应关系。

（4）在测点处贴应变片，布片应沿两向主应力方向垂直粘贴，测量周向应变和经向应变。

（5）按应变仪、预调平衡箱操作规程对各测点预调平衡。

（6）给容器加压 0→0.3MPa→0.6MPa→0.9MPa，再卸压至 0.6MPa→0.3MPa→0，每变化一次压力，记录压力值和所有测点的应变值。

（7）卸除容器内压，仪器复原，关闭电源。

2.1.3 实验数据处理与分析

通过实验得到的应变值，填入表2-1中。可计算出0.3MPa、0.6MPa、0.9MPa内压作用下，容器各测点的两向应力；在筒体与顶盖连接边缘处的各测点出现明显的应力升高现象。

表2-1 薄壁容器应力测定实验数据记录表

测点号	应变仪点号	应变测量值					平均应变	实测应变	薄膜应力	边缘应力
		0.3MPa	0.6MPa	0.9MPa	0.6MPa	0.3MPa				
1	1									
	2									
2	3									
	4									
3	5									
	6									
4	7									
	8									
5	9									
	10									

实验报告要求如下：
（1）整理实验数据，求得0.3MPa、0.6MPa、0.9MPa压力下各测点的应力值；
（2）在容器几何图上，沿容器经线绘制实测应力分布图；
（3）利用《过程设备设计》课程所学理论解释容器应力分布情况；
（4）讨论实测应力值与理论计算值之间的关系，并进行误差分析。

2.2 外压容器的稳定性实验

2.2.1 外压容器失稳及临界压力

1. 外压容器失稳

圆筒形容器在受内压作用时，当器壁内的应力超过材料的屈服极限或强度极限后，便引起容器屈服破坏。这是受内压容器主要的失效形式。对于外压容器，如该容器器壁有足够的厚度，则应力计算方法和内压容器相同，只是应力方向相反，为压应力。对于薄壁容器，往往在强度上还能满足需求，即器壁内的压应力还未达到材料的屈服极限时，壳体会突然失去原来的形状而出现被压瘪呈现几个波形，如图2-4所示。载荷卸除后，不能恢复原状。此现象即为外压容器失稳。

2. 临界压力及其影响因素

薄壁容器在失稳前所能承受的最大外压力称为临界压力（p_{cr}），临界压力与波形数都决定于容器的长度对直径的比值（L/D），以及壁厚对直径的比值（S/D）。

当容器的外压力低于临界压力时，器壁也会发生变形，但一旦卸除压力，壳体会立即

图2-4 薄壁容器轴向失稳形式

恢复原来形状。而当外压超过临界压力时，器壁上产生永久变形，不能恢复原来形状。因此，对外压容器来说，既有强度问题，也有刚度问题。在设计时，除了进行强度计算外，尤其应做稳定性校验。鉴于外压容器的破坏多数由于是稳定性不够所造成的，因此保证筒体的稳定性是大多数外压容器正常操作的首要条件。

按照破坏的情况，承受外压的圆筒形筒体有长圆筒、短圆筒及刚性圆筒之分。它们的长度是指与直径、壁厚等有关的相对长度，而非绝对长度。我们用临界长度来作为划分长圆筒和短圆筒的界限，当其长度超过临界长度时，属于长圆筒范围，反之则属于短圆筒。临界长度 L_{cr} 可按下式计算：

$$L_{cr} = 1.17\sqrt{\frac{D}{S_0}} \qquad (2-10)$$

当长圆筒的长度是足够长时，两端的边缘力及边缘力矩对临界压力的影响可以忽略不计。长圆筒失稳时，呈现两个波形数，其临界压力只与 S/D 有关，而与 L/D 无关，长圆筒的临界压力 p_{cr} 可按下式（即勃莱斯公式）计算：

$$p_{cr} = \frac{2E}{1-\mu^2}\left(\frac{S_0}{D}\right)^3 \qquad (2-11)$$

对于钢制圆筒，取 $\mu = 0.3$，则公式（2-11）可改写成：

$$p_{cr} = 2.2E\left(\frac{S_0}{D}\right)^3 \qquad (2-12)$$

短圆筒两端的边缘影响显著，不可忽视；失稳时产生的波形数为2个以上的某个整数时，其临界压力与 S_0/D 和 L/D 都有关系。而且在不同的临界压力下，在筒体上能形成不同的波形数。短圆筒的最小临界压力 p_{cr} 可按下式进行近似计算：

$$p_{cr} = \frac{2.59ES_0^2}{LD\sqrt{D/S_0}} \qquad (2-13)$$

失稳波数为：

$$n = \sqrt[4]{\frac{7.06D^3}{SL^2}} \qquad (2-14)$$

以上各式中：S_0——圆筒的有效壁厚，mm；

$\qquad D$——圆筒中面直径，mm；

$\qquad L$——圆筒的计算长度，mm；

$\qquad E$——圆筒材料弹性模量，MPa；

$\qquad \mu$——泊松系数。

2.2.2 外压薄壁容器失稳实验

1. 实验目的

（1）观察薄壁容器在外压作用下丧失稳定的现象；

18

（2）测定圆柱形薄壁容器在外压作用下丧失稳定的临界压力，并与理论值进行比较；

（3）观察试件失稳后的波数和波形。

2. 实验装置及操作方法

外压失稳实验装置工作原理如图 2-5 所示。

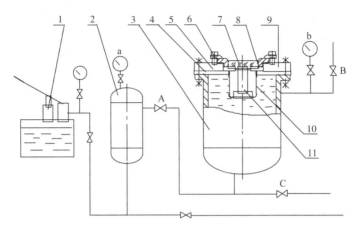

图 2-5　外压失稳实验装置工作原理图

1—手摇试压泵；2—缓冲罐；3—试验容器；4—薄皮垫；5—O 形橡胶垫；6—偏置压块；

7—有机玻璃压盖；8—密封圈；9—压盖；10—试件；11—轴向支撑件；

A—缓冲罐减压阀；B—放空阀；C—卸压阀；a—缓冲罐压力表；b—试压容器压力表

外压容器失稳实验台如图 2-6 所示。系统压力由内部清水泵提供，最大压力由操作面板上的控制压力表控制，表中的红色指针是设定的压力上限值，绿色指针是水泵工作的下限值，如图 2-7 所示。排空指示器中有一个示重小球，如图 2-8 所示，当管道中充满水后，示重小球会浮起，说明此时容器或管道中空气排空。失稳压力由面板上的一块带记忆的压力表读出，如图 2-9 和图 2-10 所示。

图 2-6　外压容器失稳实验台

图 2-7　压力控制表

示重小球

图 2-8　示重小球

图 2-9　记忆压力表初始状态

图 2-10　失稳后红色指针指示值为失稳压力

触摸屏控制面板操作方法如下：

（1）按下操作面板上的"电源开"按钮，此时"电源开"指示灯亮，触摸屏启动。

（2）轻触触摸屏，屏幕显示"主菜单"画面，如图 2-11 所示。选择"动画模拟"系统显示为"动画模拟"界面，如图 2-12 所示。此时的画面中，所有按钮颜色都呈现暗色，缓冲容器和受压容器上部溢出管都有流动标示，说明均为排空状态。

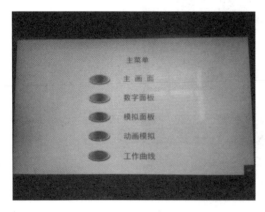

图 2-11　主菜单界面

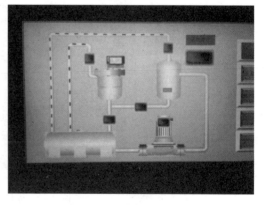

图 2-12　动画模拟界面

（3）点击"实验状态"按钮，水泵工作，同时可以看到画面中水泵和缓冲容器间连接管有流动标示，此时水泵向缓冲容器中注水。当缓冲容器排空指示器中小球处于浮起状态时，轻点缓冲容器上方的按钮，此时缓冲容器上方的管道无水流标示，缓冲容器处于保压状态，等缓冲容器压力达到设定值时，水泵自动停止工作。

（4）点击缓冲容器和受压容器间的按钮，此时两容器连接管道中有水流标示，缓冲容器内的水流向受压容器，同时控制压力表压力值下降，当控制压力降到控制压力下限时，水泵再次启动，待受压容器上方指示器中小球浮起时，轻点受压容器上方按钮，关闭受压容器排空阀，此时受压容器内压力慢慢上升，当此压力达到一定值时，压力会突然下降，同时会听到容器内试件变形的声音，此时应立即轻点"实验状态"按钮，结束实验的增压过程，并将系统内压力卸除。

3. 实验步骤

（1）试件放入前，准确测量试件的长度、直径和壁厚，按每隔90°角测量一次，取其平均值。

（2）将试件放入实验装置的试验容器内，使试件的开口端紧扣在橡皮垫圈内，以达到密封作用；放入支承件，再在试件上端放置好垫圈，用有机玻璃压盖压住，盖上顶盖，拧紧螺钉。

试件安装方法如图2-13~图2-20所示。

图2-13　失稳试件

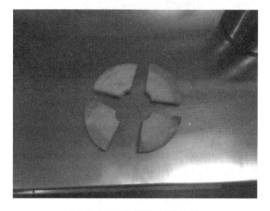

图2-14　底部防变形垫块

图2-15　将垫块放入试件底部

图2-16　顶压限制装置

图 2-17　放入顶压限制装置

图 2-18　试件装入受压容器

图 2-19　盖上有机玻璃上盖

图 2-20　盖上顶盖并用螺丝压紧

（3）先利用试压泵给缓冲罐加压到一定压力，停止加压；然后打开阀门 A，缓慢给试验容器加压，直至试件失稳，并记下压力计读数。

（4）打开阀门 C，待试验容器内压力下降到 0 后，取出失稳试件，观察其压扁情况，并测出失稳波数。

2.2.3　实验数据处理与分析

（1）列表详细记录实验测点的各项数据（长度、直径、壁厚、波数、临界压力）；

（2）计算临界长度、临界压力、失稳波数的理论值；

（3）比较临界压力、波形数的理论计算值与实测值之间的差异，并分析产生实验误差的原因。

2.3　压力容器爆破实验

2.3.1　压力容器爆破过程及破坏方式

由塑性较好的材料制成的压力容器在承受内压作用情况下的膨胀（爆破）曲线，如图 2-21 所示。整个爆破过程分为 4 个阶段：

（1）内压力在相当于 A 点的压力以下时，容器处于弹性变形阶段，内压与容器容积增量成正比，随着压力的增大，应力和变形不断地增加，当内压增大到相应于 A 点的压力时，容器内壁开始屈服，A 点对应的压力就称为初始屈服压力。

（2）AB 为屈服变形阶段，在这个过程中，内压继续增大，容器由内壁向外壁屈服，到达 B 点对应的压力时，容器进入整体屈服状态，此时 B 点对应的压力称为整体屈服压力。

（3）BC 则为强化阶段，在这个阶段，内压进一步增大，一方面由于材料的应变强化导致容器的承压能力增高，另一方面，由于厚度的不断减小而使容器的承压能力下降，当压力达到 C 点对应的压力时，两种作用相互平衡，则 C 点对应的压力为容器所能承受的最大压力，称为塑性垮塌压力。

（4）CD 为爆破阶段，在这个阶段容积突然急剧增大，容器膨胀所需的压力减小，压力降落到 D 点，容器爆破，D 点对应的压力称为爆破压力。

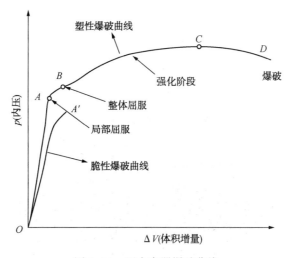

图 2-21　压力容器爆破曲线

材料的初始屈服压力、整体屈服压力、爆破压力上限值、爆破压力下限值以及爆破压力的公式是根据拉美公式和屈服条件来推导的，如式（2-15）~式（2-19）所示。

初始屈服压力：

$$p_s = \frac{R_{eL}}{\sqrt{3}} \frac{K^2-1}{K^2} \tag{2-15}$$

整体屈服压力：

$$p_s = \frac{2}{\sqrt{3}} R_{eL} \ln K \tag{2-16}$$

爆破压力上限值：

$$p_{bmax} = \frac{2}{\sqrt{3}} R_m \ln K \tag{2-17}$$

爆破压力下限值：

$$p_{bmin} = \frac{2}{\sqrt{3}} R_{eL} \ln K \tag{2-18}$$

23

爆破压力：

$$p_b = p_{bmin} + \frac{R_{eL}}{R_m}(p_{bmax} - p_{bmin}) = \frac{2}{\sqrt{3}}R_{eL}\left(2 - \frac{R_{eL}}{R_m}\right)\ln K \qquad (2-19)$$

式中 R_{eL}——材料屈服强度，MPa；

R_m——材料抗拉强度，MPa；

K——容器外径与内径的比值。

2.3.2 压力容器爆破实验

1. 实验目的

（1）掌握压力容器爆破压力测定的方法，观察实验过程中出现的各种现象；

（2）测定压力容器整体的屈服压力、爆破压力，并与理论值进行比较；

（3）观察爆破断口形貌，并初步作出宏观分析，了解韧性断裂和脆性断裂的特征。

2. 实验装置

压力容器爆破实验装置如图 2-22 所示，其工作原理如图 2-23 所示。

图 2-22　压力容器爆破实验装置

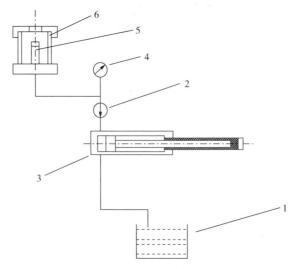

图 2-23　压力容器爆破实验装置工作原理图

1—油箱；2—止回阀；3—增压泵；4—压力表；5—试件；6—试压仓

3. 实验步骤

（1）试件放入前，准确测量试件的长度、直径和壁厚。计算屈服压力和爆破压力的理论值。

（2）将试件安装在试验仓测试口上并拧紧，设法排尽试件和管道中的气体，拧紧堵头螺丝。

（3）从零开始，利用试压泵给试件加压到接近屈服压力理论值，停止加压，保压10min，然后再次按每分钟1MPa的速率增压，观察记录仪上的压力变化，当压力值上升到一定值后，突然变为0，试验仓中有爆破声后，关闭试压泵。

（4）打印压力变化曲线，读出屈服压力、爆破压力值。

（5）观察破裂形状与断口形貌。

2.3.3 实验数据处理与分析

1. 爆破试验结果评定

容器实测的爆破压力与屈服压力的比值，应与容器材料的抗拉强度与材料屈服点的比值相接近，即：

$$p_b = \frac{R_m}{R_{eL}} p_s \qquad (2-20)$$

式中　p_b——实测爆破压力值，MPa；

　　　p_s——实测屈服压力值，MPa；

　　　R_m——常温下材料的抗拉强度，取标准规定的最小值或热处理后的保证值，MPa；

　　　R_{eL}——常温下材料的屈服强度，MPa。

并且按有关规定实测的爆破压力值不得低于以下公式求得的计算值：

$$p_b \geqslant \frac{2t R_m \varphi}{D_0 - t} \qquad (2-21)$$

式中　t——筒体最小壁厚，mm；

　　　D_0——筒体的外径，mm；

　　　φ——焊缝系数。

2. 理论计算公式

不同失效准则的屈服压力和爆破压力计算公式见表2-2。

表2-2　不同失效准则的屈服压力和爆破压力计算公式

失效准则	公式名称	屈服压力 p_s/MPa	爆破压力 p_b/MPa
弹性失效	薄壁公式	$R_{eL}(K-1)$	$R_m(K-1)$
	中径公式	$2R_{eL}\left(\dfrac{K-1}{K+1}\right)$	$2R_m\left(\dfrac{K-1}{K+1}\right)$
	第三强度理论	$R_{eL}\dfrac{K^2-1}{2K^2}$	$R_m\dfrac{K^2-1}{2K^2}$
	第四强度理论	$R_{eL}\dfrac{K^2-1}{\sqrt{3}K^2}$	$R_m\dfrac{K^2-1}{\sqrt{3}K^2}$

失效准则	公式名称	屈服压力 p_s/MPa	爆破压力 p_b/MPa
塑性失效准则	特雷斯卡公式	$R_{eL}\ln K$	$R_m\ln K$
	米塞斯公式	$\dfrac{2}{\sqrt{3}}R_{eL}\ln K$	$\dfrac{2}{\sqrt{3}}R_m\ln K$
爆破失效准则	史文森公式		$MR_m\ln K$
	福贝尔公式		$\dfrac{2}{\sqrt{3}}R_{eL}\left(2-\dfrac{R_{eL}}{R_m}\right)\ln K$

表 2-2 中：M——系数，$M=\left[\left(\dfrac{0.25}{n+0.027}\right)\left(\dfrac{e}{n}\right)^2\right]$，其中 e 为自然对数的底，n 为材料
的应变硬化指数，见表 2-3；

$\quad\quad\quad p_b$——爆破压力，MPa；

$\quad\quad\quad R_m$——常温下材料的抗拉强度下限值，MPa；

$\quad\quad\quad R_{eL}$——常温下材料的屈服强度下限值，MPa；

$\quad\quad\quad K$——容器外径与内径的比值。

表 2-3　材料的应变硬化指数对爆破压力的修正

n	0	0.1	0.2	0.3	0.4	0.5
史文森公式内的 M 项值	1.10	1.06	0.99	0.92	0.86	0.8

材料的应变硬化指数计算公式为：$\quad\quad\quad n=0.4\times\left(1-\dfrac{R_{eL}}{R_m}\right)$ （2-22）

实验结果填入表 2-4 中。

表 2-4　实验结果

基本数据：$R_{eL}=$	$R_m=$	$K=$	
测量值	$p_s=$ _____	$p_b=$	误差/%
理论值：弹性失效	公式： $p_s=$	公式： $p_b=$	
塑性失效	公式： $p_s=$	公式： $p_b=$	
爆破失效		公式：	
断口形貌			
结论			

3. 实验报告要求

（1）列表详细记录实验测得的各项数据（试件长度、直径、壁厚）；

（2）绘制爆破过程中的压力变化曲线，确定屈服压力、爆破压力；

（3）将测定的屈服压力和爆破压力与理论计算值进行比较，分析产生实验误差的原因；

（4）观察爆破断口形貌，作出初步宏观分析。

2.4 机械搅拌功率数测定实验

2.4.1 雷诺数-功率数曲线与搅拌功率的计算

搅拌操作是重要的化工单元操作之一，常用于互溶液体的混合、不互溶液体的分散和接触、气液接触、固体颗粒在液体中的悬浮、强化传热以及化学反应等过程。搅拌反应设备属于典型过程设备。

在搅拌设备设计过程中，搅拌功率的确定是必不可少的工作。通过搅拌功率可以设计或校核搅拌器及搅拌轴的强度和刚度，还可以选择电机和减速机等传动装置。

由于搅拌釜内液体运动状态十分复杂，搅拌功率的计算尚不能由理论公式推导得到，只能由因次分析法结合实验获得，并以此作为搅拌操作放大过程中确定搅拌规律的依据。

搅拌功率的消耗可表达为其相关影响因素的函数：

$$P = f(n, d, \rho, \mu, d, D, B, h\cdots\cdots) \tag{2-23}$$

式中　P——搅拌功率，W；

n——转速，r/s；

d——搅拌器直径，m；

ρ——密度，kg/m^3；

μ——黏度，Pa·s；

d——重力加速度，m/s^2；

D——搅拌釜内直径，m；

B——桨叶宽度，m；

h——液面高度，m。

由因次分析法可得到下列无因次数群的关联式：

$$\frac{P}{\rho n^3 d^5} = K\left(\frac{\rho n d^2}{\mu}\right)^x \left(\frac{dn^2}{g}\right)^y \times f\left(\frac{d}{D}, \frac{B}{D}, \frac{h}{D}\cdots\cdots\right) \tag{2-24}$$

式中　K——系数，无因次；

x，y——指数，无因次。

令 $N_P = \dfrac{P}{\rho n^3 d^5}$，称为功率数，无因次；

$Re = \dfrac{\rho n d^2}{\mu}$，称为雷诺数，反映流体流动状态，无因次；

$Fr = \dfrac{dn^2}{g}$，称为弗劳德数，反映流体惯性力与重力相对大小，无因次。

因此有：

$$N_P = KRe^x Fr^y \times f\left(\frac{d}{D}, \frac{B}{D}, \frac{h}{D}\cdots\cdots\right) \tag{2-25}$$

在实际工程问题中，对于给定的机械搅拌设备，反映搅拌设备几何关系的无因次函数

式 f 必然是一常数,因此可以将其计入方程式系数 K 中。

在实际搅拌作业中,如果没有出现打漩现象,弗劳德数的影响极小,可以忽略。这样功率数就可以用雷诺数来表达,即:

$$N_p = KRe^x \qquad\qquad (2\text{-}26)$$

因此,在双对数坐标纸上可标绘出 N_p-Re 曲线。

2.4.2 功率数测定实验

1. 实验目的

(1)观察流体在搅拌过程中的流体形态及桨叶结构对其的影响;

(2)掌握流体搅拌功率的测定技术与计算方法;

(3)讨论影响流体搅拌功率的主要因素;

(4)分析搅拌桨形式、大小、位置、转速、流体物性以及搅拌容器等参数对搅拌流动特性的影响。

2. 实验内容

本实验是以一定浓度液体为工作介质,测定不同转速下的扭矩值,从而通过数据处理得到 N_p-Re 曲线。

3. 实验装置及辅助工具

实验的开展需要用到机械搅拌实验台、各种形式搅拌桨叶、工具和量具等。

机械搅拌实验台(见图 2-24)包括搅拌容器、搅拌轴、传动装置以及实验控制与数据采集系统等。搅拌容器包括筒体、下封头、挡板。其中下封头为标准椭圆形封头;挡板可以根据需要进行更换,数量可以是 2 块、4 块或 8 块。搅拌轴通过传动装置与电机相连接。实验控制系统包括控制按钮和触摸屏显示界面。控制按钮包括试验台电源开关控制、进水控制、排水控制;容器升降控制;搅拌转速调节控制和急停。触摸屏界面包括实验指导、安全操作规程、设备结构参数和数据采集界面。触摸屏界面中的数据采集系统也可以实现搅拌转速的控制与调节。数据采集系统可以实时采集搅拌转速、扭矩、液位高度和被搅拌流体温度。

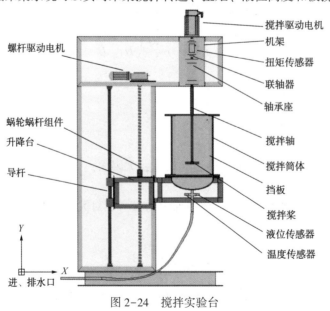

图 2-24　搅拌实验台

搅拌桨叶又称为搅拌器，在机械搅拌实验过程中，有以下常见搅拌桨叶可供选择：推进式搅拌桨、平直叶桨、平直叶圆盘涡轮式搅拌桨等。

在实验开展过程中，需要用到扳手等工具，用于拆卸和安装搅拌桨叶、挡板；直尺、游标卡尺等，用于测量相关尺寸。除了以上辅助用品外，还需准备一些安全和清洁用品，如毛巾，用来净手操作触摸屏；长发同学要准备帽子用于束发，以免搅拌操作过程中出现危险。

4. 实验步骤

（1）准备工作：检查试验台背面总电源开关，确保总电源关闭；清理搅拌容器，保持进、出水管路通畅。

（2）测量搅拌容器、搅拌器等结构参数。

（3）安装搅拌器、挡板，并确保安装可靠，手动转动搅拌轴，观察实验装置有无异常，并请实验指导老师检查确认。

（4）检查并确认开机安全的情况下，打开试验台背面电源总开关，按下控制面板"电源开"按键，接通电源。

（5）根据拟定的实验方案，通过控制面板"筒体升""筒体降"按键调节搅拌桨叶与搅拌容器底部至合适高度。

（6）通过控制面板"进水"按键向搅拌容器注入流体。

（7）进入触摸屏"数据采集"界面，记录搅拌介质温度、液面高度。

（8）在触摸屏"数据采集"界面调节搅拌转速，启动电机转动，待"数据采集"界面数据稳定后，记录搅拌转速和扭矩值。

（9）通过触摸屏"数据采集"界面增加搅拌转速，并记录转速与扭矩值。

（10）所有实验数据采集完成后，将转速调整为零。

（11）排净容器内流体，容器筒体降至最低位置，关闭控制面板电源、实验台总电源。

（12）清理实验现场。

如果需要改变实验方案，重复以上相关步骤即可。

5. 注意事项

（1）实验过程中严禁戴手套操作；长发同学须将头发束于帽内。

（2）实验台电源开启之前，要确保管路、线路顺畅；确保搅拌容器升降空间无障碍物。

（3）搅拌桨叶、挡板安装或拆卸前，确保实验台处于电源关闭状态。

（4）搅拌桨叶、挡板安装后，务必仔细检查，确保安装可靠，经实验指导老师检查同意后方可开始实验。

（5）实验完毕后，务必排净容器内的介质，务必将搅拌容器降至最低位置。

2.4.3　实验数据处理与分析

（1）实验数据处理应结合列表法、图示法、数学方程式表示法。

（2）可采用 Excel、Matlab、Origin 等软件辅助处理数据与曲线绘制。

（3）误差分析及有效数字的处理应符合实验数据处理要求。

（4）将实验数据记录在试验数据表中，实验数据表参见表 2-5。其中搅拌容器相关数据包括筒体、挡板、液位高度，以及搅拌桨叶到液面距离。

表 2-5 实验数据表

实验日期			
搅拌桨叶 （名称）	简图		尺寸
搅拌容器 （名称）	简图		尺寸
被搅拌液体 （名称）	温度	黏度	密度

转速-扭矩记录表

序号	转速	扭矩	序号	转速	扭矩
1			…		
2			…		
3			…		
…	…	…	…	…	…

（5）将不同实验方案下得到的功率数曲线标绘在同一双对数坐标纸上。

（6）最少取一组数据为例计算全过程。

（7）分析内容应结合实验目的全面展开。

2.5 换热器结构与性能综合实验

2.5.1 管壳式换热器类型结构与传热性能

换热器是石油、化工、动力、原子能和其他许多工业部门广泛使用的一种通用工艺设备。它是由许多传热元件组成，如列管式换热器可由不同形式的换热管构成。冷、热流体借助于换热器中的传热元件进行热量的交换来达到加热或冷却的目的。由于传热元件的结构形式繁多，因此构成的各种换热器的性能差异颇大。

换热器是一种节能设备，它既能回收热量，又需要消耗机械能。因此，度量一个换热器性能好坏的标准是换热器的传热系数 K 和流体通过换热器的阻力损失 Δp，前者反映了回收能量的能力，后者是消耗机械能的标志。

1. 结构对传热系数的影响

由传热速率方程可知：

$$Q = KA\Delta t_{\mathrm{m}} \tag{2-27}$$

式中 Q——换热器的传热量，kJ；

$\quad\quad A$——换热器的传热面积，m^2；

$\quad\quad \Delta t_{\mathrm{m}}$——冷、热两种流体的对数平均温差，℃；

$$\Delta t_{\mathrm{m}} = \frac{(T_{进}-t_{出})-(T_{出}-t_{进})}{\ln\dfrac{T_{进}-t_{出}}{T_{出}-t_{进}}}(逆流) \quad 或 \quad \Delta t_{\mathrm{m}} = \frac{(T_{进}-t_{进})-(T_{出}-t_{出})}{\ln\dfrac{T_{进}-t_{进}}{T_{出}-t_{出}}}(并流) \qquad (2-28)$$

K——以冷流体侧的传热面积为基准的传热系数。

$$K = \frac{1}{\dfrac{1}{\alpha_{\mathrm{c}}}+\dfrac{\delta}{\lambda}\dfrac{A_{\mathrm{c}}}{A_{\mathrm{m}}}+\dfrac{A_{\mathrm{c}}}{\alpha_{\mathrm{h}}A_{\mathrm{h}}}} \qquad (2-29)$$

以上各式中：T——热流体温度，℃；

t——冷流体温度，℃；

δ——管壁厚度，mm；

α——流体的给热系数；

λ——管材的热导率，W/(m·K)；

下标：h——热流体；

c——冷流体；

m——平均值；

进——进口；

出——出口。

由式(2-29)知，除管壁的导热系数与壁厚对传热过程的传热性能有影响外，尚有管内、外的给热系数与传热面积。对于不发生相变的液-液(或气-气)换热系统，由热量衡算可知：

$$Q_{\mathrm{h}} = Q_{\mathrm{c}} + Q_{损} \qquad (2-30)$$

$$Q_{\mathrm{h}} = G_{\mathrm{h}} \cdot C_{\mathrm{ph}}(T_{进}-T_{出}) \qquad (2-31)$$

$$Q_{\mathrm{c}} = G_{\mathrm{c}} \cdot C_{\mathrm{ph}}(t_{出}-t_{进}) \qquad (2-32)$$

若实验设备保温性能良好，$Q_{损}$可忽略不计，则

$$Q_{\mathrm{h}} = Q_{\mathrm{c}} = Q \qquad (2-33)$$

由于实验过程存在随机误差，一般情况下式(2-33)并不成立。换热器的传热量为：

$$Q = \frac{Q_{\mathrm{h}}+Q_{\mathrm{c}}}{2} \qquad (2-34)$$

由传热速率方程，换热器的传热量可分别表示为：

$$Q = \alpha_{\mathrm{h}}A_{\mathrm{h}}\Delta T_{\mathrm{mh}} \qquad (2-35)$$

$$Q = \alpha_{\mathrm{c}}A_{\mathrm{c}}\Delta T_{\mathrm{mc}} \qquad (2-36)$$

$$Q = KA_{\mathrm{c}}\Delta T_{\mathrm{m}} \qquad (2-37)$$

综合式(2-35)~式(2-37)可见，增加管内、外的面积，改善管和折流板的结构对提高传热效果都是很有好处的。

2. 结构对动力消耗的影响

换热器的冷却介质(空气或水等)往往是靠风机或泵强制流动的，流体经过换热器的压力降 Δp，关系到风机或泵动力的选择。为了降低能耗，提高换热器的经济效益，减少压力降是必要的。

由流体力学知：

$$\Delta p = \xi \frac{\rho u^2}{2} \qquad (2\text{-}38)$$

即

$$\Delta p = f(u) \qquad (2\text{-}39)$$

或 $$\Delta p = f(V) \qquad (2\text{-}40)$$

式中　u，V——流体在换热器管道中的流速、体积流量；

　　　　ρ——流体密度。

由式（2-38）～式（2-40）可见，换热器内的压力损失与流体的流速、流量及换热器的结构有关。

2.5.2　换热器结构与性能综合实验

1. 实验目的

（1）掌握换热器主要性能的测定方法；

（2）认识不同结构的换热器，测定两种结构换热器的传热系数 K 值及壳程压力降 ΔP；

（3）分析换热器的结构对换热器性能的影响；

（4）分析影响传热系数 K 值的因素。

2. 实验内容

（1）测定水–水物系下弓形折流板换热器的传热系数 K 和壳程阻力降；

（2）测定水–水物系下折流杆换热器的传热系数 K 和壳程阻力降。

3. 实验装置

实验用传热实验台如图 2-25 所示。

图 2-25　传热实验台

这个实验台主要包括：

（1）两台换热器：一台弓形折流板换热器和一台折流杆式换热器。这两台换热器总长度均为 1240mm，壳体直径为 159mm，都包含 37 根换热管，换热管规格为 $\phi10\times1$mm，长度为 800mm，折流板换热器换热管正三角形排列，折流杆换热器换热管则采用正方形排列。

（2）热流体循环系统：电加热系统、热水泵。

(3) 冷流体循环系统：空气冷凝器、冷水泵(两个泵可以通过变频器调节流量)。

(4) 数据采集与处理系统：两个涡轮流量计，用来分别测定冷热流体的流量；8个PT100热电阻温度传感器，用来测定换热器进出口的温度；2个压差传感器，用来测定换热器壳程压差(它们的数据均显示在触摸屏上)。

传热实验台的工艺流程如下(见图2-26)：

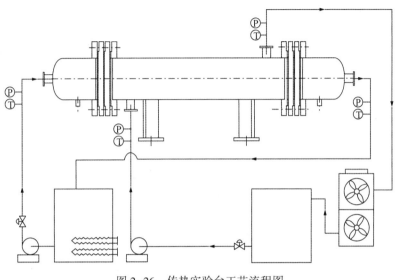

图2-26 传热实验台工艺流程图

(1) 冷流体从冷水箱经冷水泵打入换热器壳程，在换热器内经热量交换温度升高，升温后的壳程流体进入冷凝器，冷却后回到冷水箱，实现循环；

(2) 热流体通过热水箱里的电加热器加热，经热水泵打入换热器管程，热交换后回到热水箱，实现循环。

4. 实验步骤

(1) 检查换热器、管线以及测量仪表的连接可靠性，接通电源，确保仪表数据显示正常。

(2) 根据拟定的实验方案，调节换热器冷热流体进出口阀门，接通第一台测试换热器管程、壳程流体循环通道。

(3) 打开热泵开关，调节管程流量为6m³/h，打开电加热器开关，设定加热温度为60℃。

(4) 当管程进口温度达到60℃时，打开冷泵开关，调节流量为3m³/h，打开冷凝器开关，运行30min待系统稳定，当冷热流体热平衡相对误差不大于±5%时，同步记录管程、壳程流量，进出口温度及壳程压差。

(5) 调节管程流量，重复步骤(4)，完成第一台换热器的数据采集。

(6) 关闭冷泵、热泵开关，调节换热器冷热流体进出口阀门，接通第二台测试换热器管程、壳程流体循环通道。

(7) 重复步骤(3)～(5)，完成第二台换热器的数据采集。

(8) 实验数据采集完毕后，依次关闭电加热器开关、冷凝器开关、热泵开关、冷泵开关、系统电源开关。

（9）清理实验台，完成实验。

5. 注意事项

（1）实验前务必检查管路、仪表连接，确保水路、电路连接可靠；

（2）打开电加热之前务必检查热水水箱水位，防止加热器干烧；

（3）水泵启动前务必检查水箱水位，防止水泵空转；务必检查管路阀门开关，确保管路水循环通畅；

（4）开始运行后，务必排净测试换热器内部空气，使换热器内充满测试流体；

（5）实验完成后务必首先关闭电加热器开关，待全部设备停止运转后再关闭设备电源。

2.5.3 实验数据处理与分析

（1）记录测试实验台仪器仪表型号及设计参数；

（2）记录实验用换热器的设计数据及结构参数；

（3）记录不同流速下冷热流体进出口温度及壳程压力降；

（4）给出总传热系数与流速的测试曲线；

（5）给出壳程压力降与流速的测试曲线；

（6）将壳程给热系数的几组不同结果的试验值和计算值列表比较；

（7）比较两种不同结构换热器的传热量、给热系数、总传热系数及压力降，分析结构对换热器换热性能的影响关系。

第3章　过程流体机械实验

3.1　活塞式压缩机性能测试实验

3.1.1　活塞式压缩机工作原理及热力分析

1. 活塞式压缩机基本结构及工作原理

往复活塞式压缩机常常简称为活塞压缩机，是一种利用活塞在圆筒形气缸内作往复运动，以提高气体压力的流体机械。图3-1为活塞压缩机基本结构组成的示意图。通过曲柄连杆机构将曲轴的旋转运动转化为活塞组件的往复运动，活塞位于圆筒形气缸内，气缸圆筒形内壁、气缸盖、活塞端面所包围的空间称为工作腔，气缸上安装有吸气阀和排气阀。随着曲轴的转动，获得动力的活塞作往复运动，工作腔容积发生周期变化，以此完成气体吸入、压缩增压以及气体排出的任务。

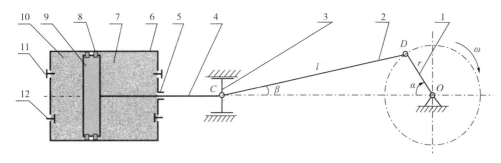

图3-1　活塞压缩机基本结构组成

1—曲轴；2—连杆；3—十字头；4—活塞杆；5—填料密封；6—气缸；7—轴侧工作腔；
8—活塞环；9—活塞；10—盖侧工作腔；11—排气阀；12—吸气阀

曲轴中心 O 到连杆大头中心 D 之间的部分称为曲柄，D 也即曲柄销中心，曲柄半径为 r，活塞内外止点间往复移动的最大距离就为 $2r$，称为行程 s，$s = 2r$。为了实现可靠及高效运行，活塞压缩机的结构除了图3-1所示基本构件外，通常还有润滑系统、冷却系统、密封装置、气体储存及缓冲装置、控制系统等。

2. 活塞式压缩机热力分析

压缩机主轴转动一圈，活塞在气缸内往复一次，完成一个工作循环。压缩机内流体工质为气态，工作循环过程中气体容积在变化，气体的基本状态参数(压力、温度和比容)亦在改变。为了获得排气量、排气温度和功率等这些重要的参量，需要进行相应的热力分析与计算。实际工作循环中，受许多因素的影响，气体状态的变化十分复杂，为了便于分析，首先进行理想化的循环分析，之后研究实际的工作循环。

1) 活塞压缩机的理论循环

为了简化分析，先对实际情况作一些理想假设：①气缸无余隙容积，即开始吸气时，

35

缸内容积为零；②密封良好，缸内气体无泄漏发生；③吸气阀、排气阀可瞬时全开或全关，气体在吸气和排气过程中，无阻力损失，缸内压力保持不变；④气体在吸气和排气过程中无热交换，缸内气体的温度保持不变；⑤气体为理想气体，被压缩过程是按不变的热力指数值进行。这种理想化了的工作循环称为压缩机的理论循环。

图 3-2 所示为压缩机理论循环过程示意图，横坐标表示缸内容积，纵坐标表示缸内气体压力。假设吸气管内压力为 p_1，排气管内压力为 p_2，图 3-2(a) 表示活塞位于外止点，此时缸内容积为零。活塞向曲轴侧运动的同时开始吸气，运动至内止点时吸气终了，这一阶段为吸气过程，该过程中压力不变，与吸气管内压力 p_1 相同，如图 3-2(b) 的水平线 4-1 所示。活塞在内止点折返，缸内气体体积逐渐缩小，压力随之升高，压力升高至与排气管内压力 p_2 相同时，压缩过程结束，如图 3-2(c) 的曲线 1-2 所示。此时排气阀迅速被顶开，开始排气阶段，直至活塞运动至外止点，排气过程中缸内压力与排气管内压力 p_2 相同，为一水平线，如图 3-2(d) 的水平线 2-3 所示。这样，压缩机的一个理论循环完成，如图 3-2(d) 中的 4-1-2-3-4 所示(其中 3-4 表示排气终了和吸气初始时，缸内压力的瞬时变化关系，不占据任何时间)。

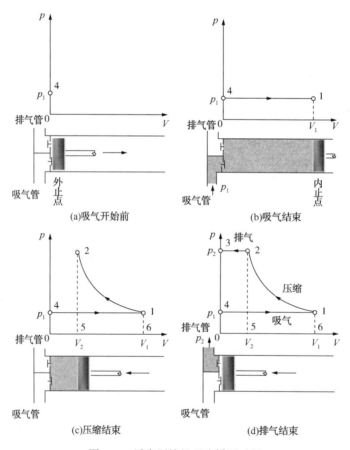

图 3-2　活塞压缩机理论循环过程

2）活塞压缩机的实际循环

在分析理论循环时，略去了许多影响因素，但这些因素客观上常常难以避免，有时这些因素的影响甚至可能比较显著。如气缸的余隙容积，指在排气过程终了和吸气过程之前的瞬时，气缸内多余的容积。实际压缩机的余隙容积很难如理论循环所假设的为零，考虑到工作中连接零件装配关系、磨损、受力变形等以及运行中的安全，活塞端面与气缸盖间的间隙不可能为零；此外，还有气阀阀体、活塞组件在缸体的残留空间等因素。余隙容积的客观存在，直接影响了实际循环的示功图形状。排气终了时，余隙内残留气体的压力为排气压力，在活塞从外止点回行时，吸气阀不能马上开启，而是随着活塞的回行，残留气体的压力逐渐降低，当压力低于吸气管内压力一定程度时，在压力差的推动下，吸气阀才开启。因此，压缩机实际循环较理论循环多了一个过程，即膨胀过程。

如果是在用压缩机，示功图可以通过传感器及信号采集处理等组成的系统获得。不同的压缩机，示功图是不同的；同一型号的压缩机，相互间的示功图也存在差别；即便是同一台压缩机的示功图，也会因操作工况、运行时间等条件变化而有所不同。下面通过图3-3进行实际循环的分析。

图3-3为活塞压缩机往复一次气缸内气体压力 p 及容积 V 实际变化情况，p_1、p_2 分别表示吸、排气管内的名义压力，机器正常运转中，p_1、p_2 是稳定的。

（1）当活塞从右止点 a 向左移动时，吸气阀关闭，开始压缩过程。2点时，虽然缸内压力等于 p_2，但排气阀两侧无压差，保持闭合状态，只有继续压缩达到足够压差，达到点 b，顶开排气阀时，才开始排气。$a-b$ 为压缩阶段。

（2）从 b 点开始排气，直至 c 点（排气时，缸内压力不可能小于 p_2）。$b-c$ 为排气阶段。

（3）前述余隙容积的存在，在活塞向右回行时，在缸内出现的是气体膨胀过程。回行初期并不能吸气，当压力膨胀到小于 p_1 并达一定压差后（达到 d 点），才能吸入气体。$c-d$ 为膨胀阶段。

（4）从 d 开始吸气，当行至右止点 a 时，压力小于 p_1，并达到一定压差时吸气阀关闭，$d-a$ 为吸气阶段，接着开始新的重复循环。

受到活塞运动速度变化及阀片动作的影响，吸气、排气过程线都呈波浪状。图3-3中 p_s、p_d 分别表示吸气和排气过程的平均压力。

压缩机理论循环与实际循环的区别总结如下：

（1）实际循环由吸气、压缩、排气、膨胀四个过程组成，较理论循环多了一个过程即膨胀过程。

（2）实际的有效容积 V_s 总是小于气缸的行程容积 V_h。图3-3中 ΔV_1 表示因膨胀过程减少了的容积，ΔV_2 表示实际吸气状态折算到名义吸入压力 p_1 时减少了的容积，此外，还要考虑吸气温度条件的影响。

（3）吸气阀和排气阀存在压力损失，实际循环的吸、排气压力与理论循环的不同。即吸气时缸内平均压力 $p_s<p_1$，排气时缸内平均压力 $p_d>p_2$。$\varepsilon'=p_d/p_s>p_2/p_1=\varepsilon$，即压缩机的实际压

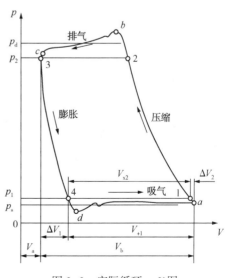

图3-3　实际循环 p-V 图

力比大于名义压力比。

（4）同样排气量条件下，实际循环功大于理论循环功。

（5）存在气缸壁不稳定热交换等实际复杂情况，压缩过程指数和膨胀过程指数都不是定值，变化比较复杂。

（6）难以完全避免的泄漏，会造成排气量减少及功率损失。

3.1.2 活塞式压缩机性能测定实验

1. 实验目的

（1）通过实验了解测试活塞式压缩机外特性（排气量、轴功率）和内特性（示功图）的方法和手段；

（2）了解活塞式压缩机在不同的负载（终压）下，排气量、排气温度、比功率及排气系数之间的关系；

（3）掌握压缩机在标准吸气状态下的排气量、轴功率及比功率的换算；

（4）了解压缩机在不同排气压力情况下，指示功率及容积系数的变化情况；

（5）了解和分析压缩机汽缸内压力的实验变化过程。

2. 实验原理与系统

1）排气量的测量

排气量的测量系统如图3-4所示。试验台是按照国家标准 GB/T 3853—2017《容积式压缩机 验收试验》和 GB/T 15487—2015《容积式压缩机流量测量方法》设计和安装的。测量系统包括压缩机、减速电机，压力传感器、行程传感器、切换阀、储气罐、喷嘴、数据采集和处理系统、示波器等。其中压缩机是个卧式、单列双作用压缩机，盖侧和轴侧都是工作容积。系统的工艺流程为：空气经压缩机压缩后，排入储气罐缓冲，然后进入喷嘴排出。活塞的行程由行程传感器采集，通过变送器转换成模拟信号，作为 X 轴信号收入到示功图显示部分，吸气压力、排气压力、气缸轴测和盖侧压力均由压力传感器采集，经变送器转化成模拟信号，作为 Y 轴信号输入到示功图显示部分。示功图的显示通过慢扫描示波器实现，可用透明纸覆盖在荧光屏上描绘出来。喷嘴前的温度由温度计读取，喷嘴前后压差通过 U 形管压差计读取。利用流体在流经排气管上的喷嘴时，在出口处形成局部收缩，使流速增加，静压力降低，因而在喷嘴前后产生压力差，流量越大，则在喷嘴前后产生的压力差就越大，可通过测量压力差值来计算出流体的流量。

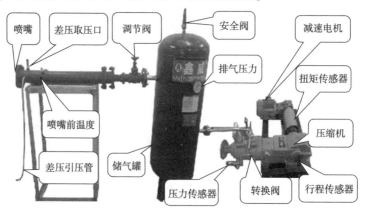

图 3-4　排气量的测量系统

活塞式压缩机的排气量是指单位时间内的排气口获得的气体量折算成吸入状态时的容积流量。通过本装置，测得前后喷嘴压力差后，根据 GB/T 15487—2015，可由下式算得压缩机的实际排气量：

$$Q_0 = 18.82 C d^2 T_0 \left(\frac{\Delta p}{T p_0}\right)^{1/2} \qquad (3-1)$$

式中　Q_0——未计及冷凝水的压缩机容积流量，m^3/s；

　　　C——喷嘴系数，按图 3-5 的规定从表 3-1 中选取；

　　　d——喷嘴直径，m；

　　　T_0——压缩机吸气温度，K；

　　　Δp——喷嘴压差，Pa；

　　　T——喷嘴上游气体温度，K；

　　　p_0——试验处大气压力，Pa。

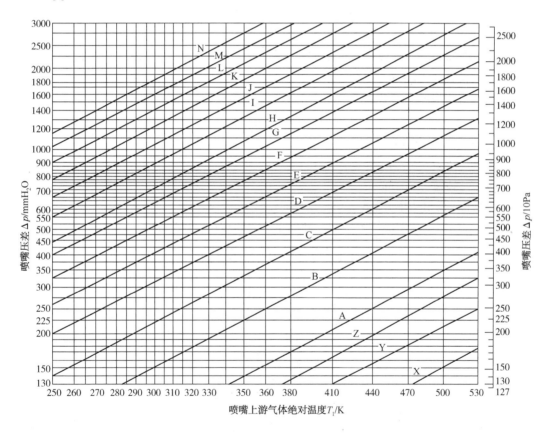

图 3-5　选择喷嘴系数特性线图

表 3-1 喷嘴系数 C

特性线	喷嘴直径/mm													
	3.18	4.76	6.35	9.52	12.70	19.05	25.40	34.92	50.80	63.50	76.20	101.60	127.00	152.40
A	0.938	0.946	0.951	0.957	0.963	0.968	0.973	0.977	0.982	0.984	0.986	0.990	0.993	0.994
B	0.942	0.948	0.955	0.960	0.965	0.971	0.975	0.979	0.984	0.987	0.989	0.992	0.994	0.995
C	0.944	0.952	0.959	0.964	0.968	0.974	0.978	0.981	0.986	0.990	0.991	0.994	0.994	0.995
D	0.947	0.954	0.961	0.966	0.970	0.976	0.980	0.983	0.988	0.991	0.993	0.994	0.994	0.995
E	0.950	0.957	0.963	0.968	0.972	0.977	0.982	0.985	0.990	0.992	0.994	0.995	0.995	0.995
F	0.953	0.958	0.964	0.969	0.973	0.978	0.983	0.986	0.991	0.993	0.994	0.995	0.995	0.995
G	0.956	0.960	0.966	0.970	0.974	0.979	0.984	0.988	0.992	0.994	0.995	0.995	0.995	0.995
H	0.958	0.962	0.967	0.972	0.976	0.980	0.985	0.988	0.993	0.994	0.995	0.995	0.995	0.995
I	0.959	0.964	0.968	0.974	0.978	0.982	0.986	0.989	0.994	0.995	0.995	0.995	0.995	0.995
J	0.960	0.965	0.970	0.975	0.979	0.983	0.987	0.990	0.994	0.995	0.995	0.995	0.995	0.995
K	0.961	0.966	0.971	0.976	0.980	0.984	0.988	0.991	0.995	0.995	0.995	0.995	0.995	0.995
L	0.962	0.967	0.972	0.977	0.981	0.985	0.989	0.992	0.995	0.995	0.995	0.995	0.995	0.995
M	0.963	0.968	0.973	0.978	0.982	0.986	0.990	0.993	0.995	0.995	0.995	0.995	0.995	0.995
N	0.964	0.969	0.974	0.979	0.983	0.987	0.991	0.994	0.995	0.995	0.995	0.995	0.995	0.995

2）压缩机轴功率的测定

压缩机的轴功率可通过测定减速机输出扭矩来得到。

$$P_轴 = T_q \times n / 9550 \qquad (3-2)$$

式中　$P_轴$——功率，kW；

T_q——扭矩，N·m；

n——转速，rad/min。

3）示功图（指示功率）测量

本实验采用的示功图测试系统由下列四个部分组成（见图 3-6）：

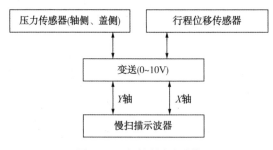

图 3-6　示功图测试系统

（1）压力信号转换部分　它是由与压缩机汽缸相通的压力传感器，通过变送器转换成模拟信号，作为 Y 轴信号输入到示功图显示部分。

（2）行程信号转换部分　它是由与压缩机主轴相通的行程位移传感器，通过变送器将活塞行程转换或模拟信号，作为 X 轴信号输入到示功图显示部分。

（3）压力标定部分　本装置中采用了二个已知的压力值，一个是大气压，另一个是排气管上的排气压力。通过测试系统上的三个切换阀，分别与压力传感器相通，为所显示的示功图在测试过程中提供可靠的标定压力，也即压缩机的名义吸排气压力。

（4）示功图显示部分　转变成模拟量的压力讯号和行程讯号，通过慢扫描示波器显示封闭的示功图形，可用笔把该图描出覆盖在荧光屏上的透明纸上。

3. 实验步骤

1）开车前的准备工作

（1）本实验的电器线路已由实验老师接好，实验前学生应对照讲义熟悉连接线路、各测验点的位置和仪器仪表。

（2）检查各仪表指针是否在零位，U 形差压计的水柱面是否在同一平面。

（3）打开冷却水阀门，检查冷却水是否畅通。

（4）接通电源，使测试仪器进入测试的准备阶段。

（5）慢速开车，注意倾听压缩机内是否有金属碰击的声音或其他不正常的振动，如有则立即报告指导老师并停车，待处理妥当后继续实验。

（6）分配小组人员工作：

① 负责压缩机启动、停车，压缩机功率转速的测量；

② 负责调节减压阀，及时将压力调节到要求的大小，计算工况时间，并报告观察时刻，读出并记录大气压力、排气压力、吸气温度、喷嘴前气体温度和 U 形差压计读数；

③ 负责描录示功图；

④ 小组长负责全组的施工并做好安全工作。

2）开车步骤及数据测量

（1）待上述检查确定无误时，启动压缩机（注意：启动前储气罐压力显示必须为零，否则会烧坏电动机）。

（2）调节减压阀，使压缩机稳定运转在 $2kgf/cm^2$（表压），并在该工况下运转不少于 30min（目的是使压缩机出口温度稳定）。

（3）开始进行所有必要的测量，每种压力测 2 次，每次间隔 10min。

在测试示功图时，先把 3 个切换阀切换到压力传感器与气缸相通的位置，调整示波器的 X、Y 位置，使示功图图形中心与示波屏的中心基本一致，调整仪器（示波器），使示功图的大小能全部显示于示波屏的中间部分。在图线稳定的情况下，用笔把图线描录在示波屏前的透明纸（描图纸）上，然后把切换阀转到只与标定压力相通的位置上，使压力传感器先后只与大气压及排气压力相通，这样在示波屏上先后出现不同高度水平压力标定线（名义吸、排气压力线），并将它们描录在同一张透明纸上，记下压力值，这样就完成了示功图的测绘工作，如图 3-7 所示（注意：因为是双作用气缸，示功图轴测和盖侧两侧都要测）。

（4）调节减压阀，使压缩机分别稳定在 $1.0kgf/cm^2$（表压）、$1.5kgf/cm^2$（表压）、$2kgf/cm^2$（表压）运转，待温度、压力稳定后重复上述步骤，测量全部必要的数据。

（5）数据测量完毕，缓慢开启压力调节阀，注意别让 U 形管中水柱冲出，逐步减压，当储气罐中压力$<0.5kgf/cm^2$时，切断电源停车。切断气缸冷却水，并把水气缸套内的剩余水排尽。

（6）做好结束清理工作。

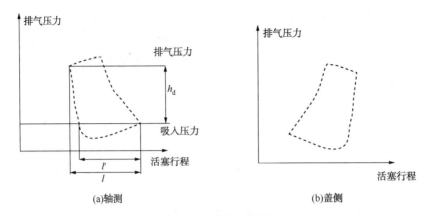

(a)轴测 (b)盖侧

图 3-7　示功图示意图

3.1.3　实验数据处理与分析

（1）记录测试实验台仪器仪表型号及设计参数；

（2）d：喷嘴直径（mm），本实验用的喷嘴直径 $d=9.52$mm；

（3）H：喷嘴前后的压力差（mmH$_2$O），由喷嘴前后 U 形差压计读得；

（4）p_0：实验处的大气压力（kgf/cm^2）、由实验室内的大气压力计读得；

（5）T_0：压缩机吸气绝对温度（K），由实验室内的温度计读得；

（6）T：喷嘴前气体的绝对温度（K），由喷嘴前的温度计读得；

（7）C：喷嘴系数，根据喷嘴直径、喷嘴前后的压力差 H 及喷嘴前气体的绝对温度由实验室提供的图表查得；

（8）T_q：扭矩（N·m）；

（9）描绘出轴侧、盖侧示功图曲线；

（10）测绘出示功图面积。

① 数据按表 3-2 整理；

② 绘出 $[Q]$、$[N_z]$、$[q]$、$\lambda = f(\varepsilon)$ 的曲线；

③ 绘出 η_{ad}、η_m、λ_v、$\Delta = f'(\varepsilon)$ 的曲线（除 η_m 外，其余只绘出盖侧的性能曲线）；

④ 讨论在不同的排气压力下，压缩机性能参数及示功图的应变规律。

说明：

（1）按照 GB/T 3853—2017 标准，标准的吸气状态是：$[p_0]=1.02$kgf/cm^2、$[T_0]=20$℃，压缩机的转速为铭牌所标定额转速 $[n]$，当实际情况与此不符时测试结果应按下式修正：

$$[Q]=Q_0\frac{[n]}{n}\quad[N_0]=\frac{[n]}{n}\cdot\frac{[p_0]}{p_0}\cdot N_z\quad[q]=\frac{[N_z]}{[Q]}\qquad(3-3)$$

（2）本实验用小压缩机是双作用气缸，其排气系数为：

$$\lambda=\frac{4Q_0}{\pi S n(2D^2-d_i^2)}\qquad(3-4)$$

式中　S——活塞行程，$S=0.1$m；

　　　D——气缸直径，$D=0.11$m；

　　　d_i——活塞杆直径，$d_i=0.012$m；

　　　n——实验转速，r/min。

表 3-2　活塞式压缩机内特性测试数据及计算结果(空气 $K = 1.4$)

实验转速 n/(r/min)							
活塞面积 F_h/m²	盖侧 F'_h	$\pi D^2/4 =$					
	轴侧 F''_h	$\pi(D^2-d_i^2)/4 =$					
吸气压力 p_0/(kgf/cm²)							
排气压力 p_2/(kgf/cm²)		2	2.5	3	3.5	4	
压力比 $\varepsilon = p_2/p_0$							
行程线长度 l/cm	盖侧						
	轴侧						
吸入线长度 l'/cm	盖侧						
	轴侧						
容积效率 λ_v/%	盖侧						
	轴侧						
标定压力线高 h_d/cm	盖侧						
	轴侧						
示功图面积 F_i/cm²	盖侧						
	轴侧						
平均指示压力 p_i/(kgf/cm²) $p_i = \dfrac{F_i}{1} \times \dfrac{p_s}{h_d}$	盖侧						
	轴侧						
指示功率 N_i/kW $N_i = 1.634 p_i \cdot F_h \cdot S \cdot n$	盖侧						
	轴侧						
理论绝热指示功率 N_k/kW $N_k = 1.634 p_0 \cdot F_h \cdot S \cdot n \cdot \dfrac{k}{k-1}(\varepsilon^{\frac{k}{k-1}}-1)$	盖侧						
	轴侧						
绝热效率 $\eta_k = \dfrac{N_k}{n_i}$	盖侧						
	轴侧						
排气损失面积 $F_排$/cm²	盖侧						
	轴侧						
吸气损失面积 $F_损$/cm²	盖侧						
	轴侧						
气阀功率损失系数 $\Delta C = \dfrac{F_吸 + F_排}{F_h \times 10^2}$	盖侧						
	轴侧						
压缩机轴功率 $\eta_m = \dfrac{N_{i吸} + N_{i排}}{N_z}$							
压缩机机械效率							

3.2 挠性转子临界转速测定实验

3.2.1 临界转速的理论计算

单转子轴，当其参数（轴的长度、转子重量等）固定后，它的自振频率也是个定值，旋转机械由于设计、制造和安装的误差，转子的重心与其旋转中心总有一微小的偏差，当轴以角速度 ω 旋转时，其偏心质量会产生一个周期变化的干扰力（离心力），从而使轴产生强迫振动，在理想情况下当强迫振动的频率正好与其固有频率相等时，系统的振动将十分激烈，即产生共振现象。转子共振时的转速，称为临界转速。由振动理论可知，机器的振幅随转速的升高而提高，当达到临界转速时，振幅最大。理论上为无穷大，但由于轴系存在阻尼（如轴承油膜阻尼以及转子与周围空气的摩擦等），即使轴达到临界转速这一瞬间，振幅也不可能达到无穷大，而只是为一很大的数值，当转速进一步提高超过了临界转速，随转速的提高轴系的振幅又开始下降，这就是单转子系统的自动对中现象。

对于简支的单转子，当转子在其轴的中间（$a = L/2$）时，临界转速可按下式计算：

$$\omega_n = \sqrt{\frac{k}{m}} \tag{3-5}$$

$$K = \frac{3EJL}{a^2(L-a)^2} = \frac{48EJ}{L^3} \tag{3-6}$$

$$n_c = 30\frac{\omega_n}{\pi} \tag{3-7}$$

式中　ω_n——简支单转子轴固有频率，$\mathrm{s^{-1}}$；

　　　k——轴的刚度系数；

　　　E——弹性模数，$E = 2.1 \times 10^{11} \mathrm{N/m^2}$；

　　　J——轴的截面惯性矩，$J = \frac{\pi}{64}d^4$，$\mathrm{m^4}$，其中 d 为轴的直径，$d = 0.01\mathrm{m}$；

　　　m——转子的质量，$m = 0.11\mathrm{kg}$；

　　　L——轴的长度，$L = 0.4\mathrm{m}$；

　　　a——转子距电机侧轴承支架的距离，m；

　　　n_c——轴的临界转速，r/min。

3.2.2 挠性转子临界转速测定实验

1. 实验目的

（1）定性了解轴的振动及临界转速现象，仔细观察转轴转速通过临界转速时振幅的变化情况；

（2）实验测量单转子轴的临界转速及振幅与转速的关系曲线；

（3）实测轴长度的变化与临界转速的关系，并与理论计算值比较，分析影响临界转速的各种因素；

（4）掌握临界转速的测试方法。

2. 实验装置

本实验装置如图3-8所示，转轴安装在含油的滑动轴承支架上，其右端轴承支架可在导轨上移动，故可改变轴的支撑长度L，在轴上安装一转子，转子可在轴上滑动，目的是当改变L时，使转子位置始终处于$L/2$处。调节圆周上的两个止头螺钉把转子固定在轴上，当轴旋转时，其转速、振幅均通过数据采集器传输至计算机软件中。其传动系统、测速系统、振动系统的基本原理如下：

（1）传动系统：转轴由直流电机带动，靠转速控制器无级改变电机的转速。轴与电机的连接通过橡胶联轴节，它的作用是传递扭矩，又尽可能地减少对轴系自振频率的影响。

（2）测速系统：利用光电传感器照射半周涂黑无反光和半周不涂黑有反光的转子表面测量转子转速。

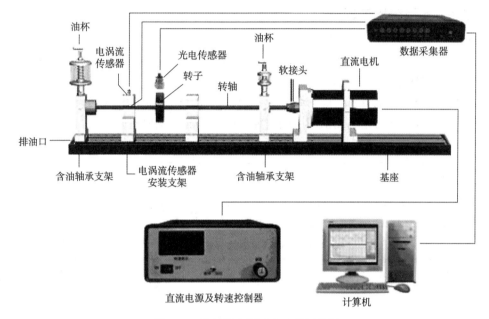

图3-8 临界转速测试实验装置简图

（3）振动系统：将两个电涡流传感器分别安装在转轴的上方垂直位置和侧面水平位置，用来测量转轴的垂直方向和水平方向的振幅。

3. 实验步骤

（1）实测实验所需的结构参数$(m、L)$，第一次转子在轴的中间位置，取$a=200mm$。

（2）检查设备安全，用手转动转轴，感到转动无异常现象时，给转子系统加盖防护罩。

（3）开启所有仪器使之正常工作。

（4）开始调节转速控制器旋钮缓慢升速。观察振幅采集框内水平方向和垂直方向振幅随转速变化情况，每隔1000r/min在表3-3中记录下两个方向的位移数据，直到超过临界转速后的2000r/min为止。

（5）改变转子在轴上的位置，重复上述实验过程，再测临界转速，测取$a=180mm$、190mm、210mm、220mm时的临界转速，记录在表3-4中。

（6）切断电源，仪器复原。

4. 实验注意事项

（1）为使实验顺利进行，开机前必须认真检查：

① 转子安装是否牢固；

② 轴承的油杯内是否加满润滑油、阀门是否打开；

③ 转轴是否灵活，有无松动。

（2）检查无误后启动电机，由低速均匀加速，停机时应将转速调至最低点，再切断电源。

（3）升速和减速时，不宜在临界转速附近作较长时间的停留，应尽快越过，以免因振动太大而使转轴疲劳断裂或产生较大的变形。

（4）在轴转动时，人员应离开转子旋转的切线方向区域，以保安全。

3.2.3 实验数据处理与分析

实验记录在表3-3、表3-4中。实验报告应包括：

（1）对 $a=200\text{mm}$ 的实验情况分别给出水平方向和垂直方向的振幅-转速曲线，并讨论转子在过临界转速前后的振幅变化情况。

（2）以 a 为横坐标，$n_{理}$、$n_{实}$ 为纵坐标，绘制图线，讨论 n_c 随 a 的变化情况，观察 $n_{理}$ 及 $n_{实}$ 的不同趋势，并讨论实测值的准确程度如何，可能产生哪些误差。

表 3-3 不同转速时振幅相位的测量（$a=200\text{mm}$）

转速 $n/(\text{r/min})$	1000	2000	3000	……				
垂直振幅/μm								
水平振幅/μm								

表 3-4 不同跨度时临界转速的测量

跨度 a/mm	$n_{理}$	$n_{实}$	误差 $(n_{理}-n_{实})/n_{理}$
180			
190			
210			
220			

第4章　过程装备制造工艺实验

无损检测(Nondestructive Testing, 简称 NDT), 以不损害被检验对象的使用性能为前提, 应用多种物理原理和化学现象, 对各种工程材料、零部件、结构件进行有效的检验和测试, 借以评价它们的连续性、完整性、安全可靠性及某些物理性能。无损检测能探测材料或构件中是否有缺陷, 并能检测出缺陷的形状、大小、方位、取向、分布和内含物等信息; 还能提供涂层厚度、材料成分、组织分布、应力状态以及某些力学和物理量等信息。

无损检测在材料加工、零件制造、产品组装直至产品使用整个过程中, 不仅起到保证质量、保障安全的监督作用, 还在节约能源及资源、降低成本、提高成品率和生产效率方面起到了积极的促进作用。无损检测与破坏性试验相比, 具有以下特点:

(1) 不破坏被检对象;

(2) 可实现 100% 的检验;

(3) 发现缺陷并作出评价, 从而评定被检对象的质量;

(4) 可对缺陷形成原因及发展规律作出判断, 以促进有关部门改进生产工艺和产品质量;

(5) 对关键部件和部位在运行中做定期检查甚至长期监控, 以保证运行安全, 防止事故发生。

按照不同的原理和不同的检测方法及信息处理方式, 常用的无损检测方法分类如图4-1所示。每种方法都有其优点和局限性, 使用时必须根据被检对象材料种类、缺陷性质和可能产生的部位, 有针对性地选择最合适的检测方法。

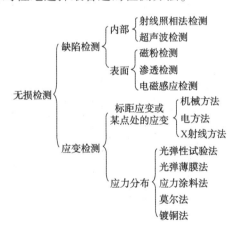

图 4-1　无损检测方法分类

最重要的五种常规检测方法包括射线检测(RT)、超声波检测(UT)、磁粉检测(MT)、渗透检测(PT)和涡流检测(ET)。其中射线检测(RT)和超声波检测(UT)主要用来检测设备及焊缝的内部缺陷, 磁粉检测(MT)、渗透检测(PT)和涡流检测(ET)主要用来检测设备及焊缝的外部缺陷。

4.1 超声波检测实验

4.1.1 超声波检测基础知识

1. 超声波的概念及分类

超声波是一种在一定介质中传播的机械振动,它的频率很高,超过了人耳膜所能觉察出来的最高频率(20000Hz),故称为超声波。超声波在介质中传播时,当从一种介质传到另一种介质时,在界面处发生反射与折射。依据介质质点的振动方向与波的传播方向之间的关系,超声波可以分为纵波、横波、表面波等。

(1)纵波 纵波用 L(Longitudinal Wave)表示,又称为压缩波或疏密波,是质点振动方向与波的传播方向互相平行的波,如图 4-2 所示。纵波可在固体、液体和气体中传播。

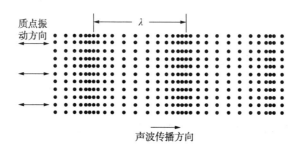

图 4-2 纵波

(2)横波 横波用 S(Shear Wave)或 T(Transverse Wave)表示,又称为切变波,是质点振动方向与波的传播方向相垂直的波,如图 4-3 所示。横波只能在固体介质中传播,不能在液体和气体介质中传播。

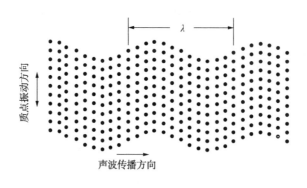

图 4-3 横波

(3)表面波 表面波用 R(Rayleigh Wave)表示,它对于有限介质而言,是一种沿介质表面传播的波,又称为瑞利波,如图 4-4 所示。表面波也只能在固体介质中传播,不能在液体和气体介质中传播,而且表面波的能量随着在介质中传播深度的增加而迅速降低,其有效透入深度大约为一个波长。

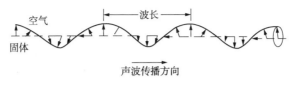

图 4-4 表面波

2. 超声波在介质中的传播特性

1）超声波垂直入射到平界面上的反射和透射

超声波在无限大介质中传播时，将一直向前传播，并不改变方向。如果在传播过程中遇到异质界面(即声阻抗差异较大的异质界面)时，会产生反射和透射现象。反射波与透射波的声压(声强)是按一定比例分配的。这个分配比例由声压反射率 r 和透射率 t 来表示。

$$r = \frac{p_r}{p_o} = \frac{Z_2 - Z_1}{Z_2 + Z_1} \tag{4-1}$$

$$t = \frac{p_t}{p_o} = \frac{2Z_2}{Z_2 + Z_1} \tag{4-2}$$

式中 p_r，p_t——反射和透射声压；

$\quad\quad\quad p_o$——原声压；

$\quad Z_1$，Z_2——介质1和介质2的声阻抗。

超声波垂直入射时的反射率和折射率各不同，绝大部分都将被反射，因此必须借助于耦合剂降低反射率，提高透射率。

2）超声波斜入射到平界面上的反射和透射

当声波沿斜角到达固体介质表面时，由于介质的界面作用，将改变其传输模式，例如从纵波转变为横波，反之亦然。传输模式的改变还会导致传输速度的变化，满足斯涅尔定律：

$$\frac{\sin\alpha_L}{c_{L1}} = \frac{\sin\gamma_L}{c_{L1}} = \frac{\sin\gamma_S}{c_{S1}} = \frac{\sin\beta_L}{c_{L2}} = \frac{\sin\beta_S}{c_{L2}} \tag{4-3}$$

式中 α——入射角；

$\quad\quad \beta$——折射角；

$\quad\quad \gamma$——反射角；

$\quad c_1$，c_2——第一介质和第二介质中的声速；

下角 L，S——分别表示纵波和横波。

3. 超声波的衰减

波在实际介质中传播时，其能量将随距离的增大而减小，这种现象称为衰减。超声波的衰减包括扩散衰减、散射衰减和吸收衰减。

当声波在传播过程中遇到由不同声阻抗介质所组成的界面时，将产生散乱反射(简称散射)而使声能分散造成衰减，这种现象叫作散射衰减。材料中的杂质、粗晶、内应力、第二相等，均会引起声波的反射、折射，甚至发生波形转换，造成散射衰减。

扩散衰减是由于几何效应导致的能量损失，仅决定于波的几何形状(如是球面波还是柱面波)，而与传播介质的性质无关。例如，在远离声源的声场中球面波的声压 P 与至声

源距离 r 成反比，柱面波的声压 p 与至声源距离 r 的平方根成反比。

吸收衰减是指由于介质质点之间的内摩擦使声能转变成热能，以及介质中的热交换等而导致声能的损失，可由位错阻尼、非弹性迟滞、弛豫和热弹性效应等来解释。

超声波在液体和气体中的衰减主要是由介质对声波的吸收作用引起的。有机玻璃等高分子材料的声速和密度较小，黏滞系数较大，吸收也很强烈。一般金属材料对超声波吸收较小，与散射衰减相比可以忽略。

4. 超声检测原理及结构

1）超声检测的工作原理

当声波在传播中遇到不连续的部位时，由于其与工件本身在声学特性上的差异，导致声波的正常传播受到干扰，或阻碍其正常传播，或发生反射或折射。

工件或材料中超过标准规定的不连续部位，就是缺陷或伤。采用相应的测量技术，将非电量的机械缺陷转换成电信号，并找出二者的内在关系，据以判断和评价工件质量，这就是超声检测的工作原理。

2）超声波探头

在超声波检测中主要是利用超声波的反射、折射、衰减等物理性质。不管是哪一种超声波仪器都必须把超声波发射出去，然后再把超声波接收回来，变换成电信号。完成发射和接收工作的装置均称为超声波换能器，或超声波探头。超声波探头有压电式、磁致伸缩式、电磁式等。检测金属使用的超声波频率较高，大都用压电式超声波换能器。根据其结构不同又分为直探头、斜探头、表面波探头、可变角度探头等，最常用的还是前两种，如图 4-5 和图 4-6 所示。

如果探头尺寸一定，超声波频率越高，波长就越短，声束就越集中，也就是指向性越好，检测时灵敏度越高，越容易发现微小缺陷。

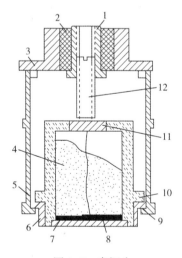

图 4-5　直探头

1—接触座；2—绝缘体；3—金属盖；
4—吸收块；5—地线；6—接地铜圈；
7—保护膜；8—晶片；9—金属外壳；
10—晶片座；11—接线片；12—导线螺杆

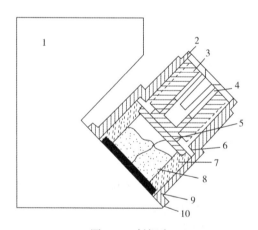

图 4-6　斜探头

1—楔块；2—外壳；3—绝缘柱；
4—接线插；5—接线；6—接线片；
7—探头芯；8—吸收材料；
9—晶片；10—接地铜箔

（1）A 型显示探伤仪　主要由同步电路（触发电路）、时基电路、发射电路、接收电路、探头及示波显示器等组成，其方框图如图 4-7 所示。同步电路是探伤仪的指挥中心，每秒钟产生数十至数千个尖脉冲，指令探伤仪各个部分同一步伐地进行工作。时基电路又称扫描电路，产生锯齿波电压，加在示波管的水平偏转板上，在荧光屏上产生水平扫描的时间基线。发射电路又称高频脉冲电路，产生高频电压，加在发射探头上。发射探头将电波变成超声波，传入工件中。超声在缺陷或底面上反射回到接收探头，转变为电波后输入接收电路进行放大、检波，最后加到示波管的垂直偏转板上，在荧光屏的纵坐标上显示出来。图中 T 为发射波，F 为缺陷波，B 为底波。通过缺陷波在荧光屏上横坐标的位置，可以对缺陷定位；通过缺陷波的高度可估计缺陷的大小。

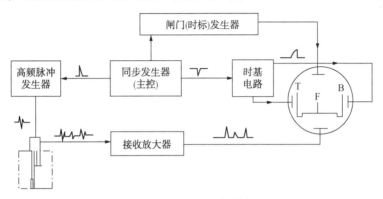

图 4-7　A 型显示探伤仪

A 型显示探伤仪可使用一个探头兼作收发，也可使用两个探头，一发一收。使用的波型可以是纵波、横波、表面波和板波。多功能的 A 型显示探伤仪还有一系列附加电路系统，如时间标距电路、自动报警电路、闸门选择电路等。

（2）B 型显示探伤仪　在 A 型显示探伤仪中，横轴为时间轴，纵轴为信号强度。如果将探头移动距离作横轴，探伤深度作纵轴，可绘制出探伤体的纵载面图形，这种方式称为 B 型显示方式。在 B 型显示中，显示的是与扫描声束相平行的缺陷截面。仪器的方框图如图 4-8 所示。如果在对应于探头各个位置的纵扫查线上均有反射，则把这作为辉度变化并连续显示，当以固定的速度移动探头时，便完成了探伤图形。示波管必须是长余辉管或存储管，有时也使用记录仪或摄影机。

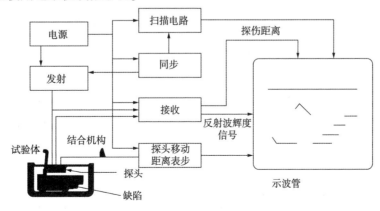

图 4-8　B 型显示探伤仪

B 型显示不能描述缺陷在深度方向的扩展,当缺陷较大时,大缺陷后面的小缺陷的底面反射也不能被记录。若将一系列小的晶片排列成阵,并依次通过电子切换来代替探头的移动,即为移相控制式或相控阵式探头,广泛用于 B 型扫描显示和一些其他扫描方法。近年来,B 型扫描显示的实现,已经在电脑式探伤仪中通过 B 型扫描程序得以完成。

(3)C 型显示探伤仪 它使探头在工件上纵横交替扫查,把在探伤距离特定范围内的反射作为辉度变化并连续显示,可绘制出工件内缺陷的横截面图形。这个截面与扫描声束相垂直。示波管荧光屏上的纵、横坐标,分别代表工件表面的纵、横坐标。C 型显示探伤仪方框图如图 4-9 所示。

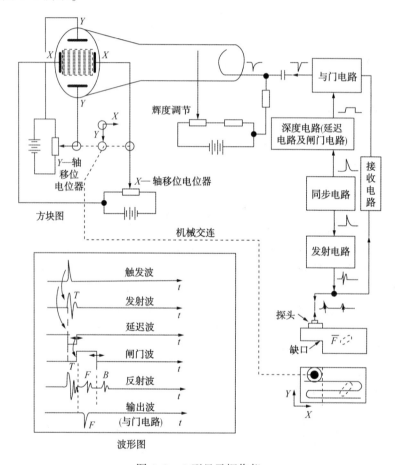

图 4-9 C 型显示探伤仪

在 C 型显示中,探伤距离上的特定范围是通过门电路控制的,因此可得到断层缺陷的立体线显示。若使用示波管显示,应使用存储管。也有的把 C 扫描图形绘制在浓淡式记录纸上。

3)试块和耦合剂

与一般的测量过程一样,为了保证检测结果的准确性和重复性、可比性,必须用一个具有已知固定特性的试样(试块)对检测系统进行校准。这种按一定的用途设计制作的、具有简单形状人工反射体的试件即称为试块。超声检测用试块通常分为两种类型，即标准试块（校准试块）和对比试块（参考试块）。

当探头与试件之间有一层空气时，超声波的反射率几乎为100%，即使很薄的一层空气也可以阻止超声波传入试件。因此，排除探头和试件之间的空气非常重要。耦合剂就是为了改善探头和试件间声能的传递而加在探头和检测面之间的液体薄层。耦合剂可以填充探头与试件间的空气间隙，使超声波能传入试件，这是使用耦合剂的主要目的。此外，耦合剂有润滑作用，可以减少探头和试件之间的摩擦，防止试件表面磨损探头，并使探头便于移动。常用的耦合剂有甘油、机油等。

5. 超声波检测的特点及适用范围

（1）快速。超声检测时立即就可以判断有无缺陷，并很快可以判断缺陷性质，当仪器和钢板表面都正常时几乎不用准备时间。

（2）轻便。超声波检测仪体积小，质量轻，可以方便随时随地检查。

（3）价廉。超声波检测的物质消耗很少，工时也较少。

（4）灵敏。超声波检测对微小裂纹也较敏感，这是射线透照法不能相比的。

（5）探测厚度大。超声波检测可探测数米深的缺陷。

（6）超声波检测对缺陷的判断不够明确可靠。

（7）超声波检测不便留下缺陷的判断凭据，现在虽然可以记录下检验时的伤波特点，但使用也不方便。

（8）超声波检测存在盲区。用反射法（如单探头）检测时，接近表面的缺陷若声程时间在脉冲时间内，则伤波与面波或底波会重合，难以分辨出伤波而形成盲区。而这种接近表面的缺陷危害性更大，更需要探测出来。用透射法（双探头）可以克服此缺点，但灵活简便的程度会下降。

超声波检测主要适合于金属、非金属及复合材料的铸、锻、焊件与板材。由于探头的近场效应，主要检测工件的内部缺陷，不适用于薄壁试件和近表面缺陷的检测。

超声波检测是利用探伤仪发出的高频脉冲来激发探头中的压电晶片，将高频电能转换成超声频率的机械振动，再把这种振动耦合到工件中去，利用超声波在工件内的传播来进行探伤。超声波在传播中遇到不同介质的界面（如工件底面、工件内部缺陷）将进行反射，一部分反射回来的超声波又被压电晶片接收，并转换成电讯号，经放大后在示波管上显示出来，根据此反向波便可对工件内部的缺陷进行判别。

（1）缺陷位置的确定：超声波在工件中传播与折射需要时间，从探头发出超声波到接收发射波相隔的时间与超声波在工件内所经历的路程（声程）成正比。示波管的横坐标为时间坐标，因此通过比较缺陷回波与已知声程回波在示波管水平方向上的位置，可以计算出缺陷声程，从而确定缺陷位置。

（2）缺陷当量大小的确定：缺陷当量大小与实际大小是两个完全不同的概念。缺陷的几何形状往往是复杂和不规则的，其实际大小一般很难测量准确。在超声波探伤中，常采用当量定量法：若缺陷的回波声压和同声程的某种标准几何发射体（如平底圆孔）的回波声压相同，则二者是同当量的。对于回波声压与同声程标准几何发射体回波声压不等的缺陷，可通过计算求出当量大小。

在远场区，声压 p 和声程 S 的关系是：

$$p = \pi D^2 p_0 / 4\lambda \cdot \frac{1}{S}$$（4-4）

同理，直径为的平底圆孔其回波声压为：

$$p_\phi = \frac{\pi \phi^2}{4\lambda} \cdot p \cdot \frac{1}{S}$$（4-5）

将式(4-4)代入得：

$$p_\phi = \frac{\pi^2 \phi^2 p_0}{16\lambda^2 S^2} \cdot \phi^2$$（4-6）

对于两个同声程不同直径的平底圆孔，其回波声压关系为：

$$\frac{p_{\phi_2}}{p_{\phi_1}} = \left(\frac{\phi_2}{\phi_1}\right)^2$$（4-7）

如果声压比用分贝表示：$K_P = 20\lg \dfrac{p_{\phi_2}}{p_{\phi_1}}$

则

$$\frac{K_P}{20} = \lg \frac{p_{\phi_2}}{p_{\phi_1}} = 2\lg \frac{\phi_2}{\phi_1}$$（4-8）

所以

$$\frac{\phi_2}{\phi_1} = 10^{\left(\frac{K_P}{40}\right)}$$（4-9）

探伤中常利用式(4-9)来计算缺陷的当量大小。

从上述原理可知，缺陷声程和缺陷当量的确定都是通过比较法来进行的，因此总需要一个已知的量才能进行比较。

4.1.2 超声波探伤检测实验

1. 实验目的

（1）熟悉超声波检测的基本原理；

（2）掌握 CTS-22 型超声波探伤仪的基本使用方法；

（3）熟悉直探头和斜探头检测的原理和过程；

（4）掌握确定缺陷位置、缺陷当量大小的方法。

2. 实验条件

CTS-22 型超声波探伤仪(见图 4-10)、直探头和斜探头、待检工件 1 和 2、标准试块 CSK-IA(见图 4-11)、耦合剂。

注：（1）待检工件 1 内部有三个缺陷。其中有两个缺陷的深度相同(即两个缺陷的回波水平刻度一致)，且已知较小的一个缺陷为平底圆孔，直径 $D_1 = 3.0\text{mm}$。要求用直探头确定三个缺陷各自的深度，以及相同深度两个缺陷中另一个的当量直径。

（2）工件 2 内部有两个缺陷，要求用斜探头确定它们在工件中的位置。

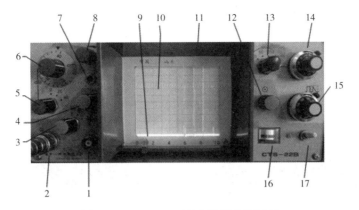

图 4-10 CTS-22 型超声波探伤仪面板

1—发插座；2—收插座；3—工作方式选择；4—发射强度；5—粗调衰减器；6—细调衰减器；
7—抑制；8—增益；9—定位游标；10—示波管；11—遮光罩；12—聚焦；13—深度范围；
14—深度微调；15—脉冲位移；16—电源电压指示；17—电源开关

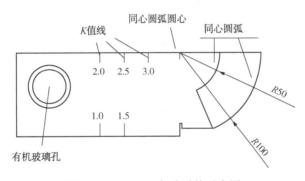

图 4-11 CSK-IA 标准试块示意图

3. 实验步骤

1）缺陷深度和当量直径的确定

（1）打开探伤仪电源，将探头接上电缆，将"粗调衰减器 5""细调衰减 4""增益 8"置中间位置，调节"脉冲位移 15"，从显示屏上应见到始波，并将其对准水平刻度"0"，在工件表面涂少量机油作耦合剂，准备进行实验。

（2）测量工件 1 的厚度尺寸 H，作为参照距离，如图 4-12 所示。

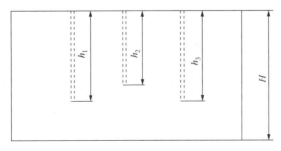

图 4-12 工件 1 示意图

（3）找到始波（又称零波，当探头接入收插座时，就会产生一个始波），调节有关旋钮（深度范围13、深度微调14、脉冲位移15）使始波（零波）对准水平刻度"0"，如图4-13所示。

（4）手持直探头平放在工件表面（工件1表面需涂耦合剂），来回移动，观察显示屏出现底面回波（底面回波通常是一组水平间隔相等的回波最前面的一个回波），如图4-14所示。

图4-13　始波

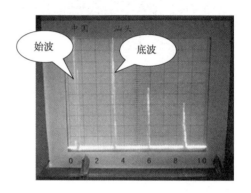

图4-14　底波

（5）调节有关旋钮（深度范围13、深度微调14、脉冲位移15）使始波对准水平刻度"0"、底面回波处在与实际深度成比例的刻度位置（如果工件1的 $H=12cm$，则可以将底波调至水平刻度6或10的位置，相应的比例分别为2或1.2，之后如果在工件1中找到缺陷波，缺陷波的水平刻度乘以相应的比例，就是缺陷的实际深度，图4-15中底波在10的位置）。

（6）移动探头，寻找缺陷回波，如图4-16所示，应出现在始波与底面底面波之间，同时调节幅度旋钮（粗调衰减器5、细调衰减器6、增益8）使波高达满度的80%左右，移动探头尽量使波高最高。

图4-15　调节底波

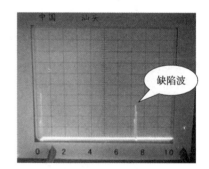

图4-16　缺陷波

（7）根据回波水平刻度，计算缺陷实际深度，如图4-17所示。

（8）对于两个同深度的缺陷，参照以上的步骤操作，比较两个回波在波高相等时相差的分贝数 K_p，用式（4-9）计算缺陷的当量直径。

2）斜探头入射点、折射角正切值 K 和声程的标定

用斜探头确定工件内缺陷的位置，必须知道所用斜探头的入射点、折射角正切值 K 以及探伤仪水平尺度与声程（或水平、垂直距离）的比值。这几项标定工作在标准试块 CSK-IA 上完成。

（1）斜探头放在标准试块 CSK-IA 上的 R_{100}^{50} 弧面的圆心附近，朝向弧面，来回移动探头，使回波出现。

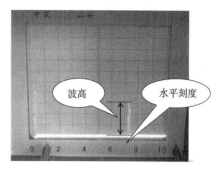

图 4-17　缺陷波波高及位置

（2）调节粗、细衰减器旋钮使波高在显示范围内。微微移动探头，当波高为最高时，试块上圆心标记所对探头处即为超声波横波的入射点（即斜探头上刻度线与同心圆弧圆心重合处），在探头侧面做好入射点标记，如图 4-18 所示。

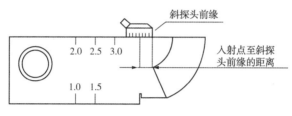

图 4-18　斜探头入射点示意图

（3）将斜探头朝向 CSK-IA 上 $\phi 50$ 有机玻璃圆孔，移动探头使回波最高，斜探头侧入射点标记所对试块上的 K 值刻度就是此斜探头的 K 值，如图 4-19 所示。

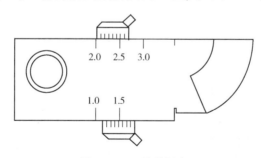

图 4-19　K 值的标定

（4）再将斜探头朝向 R_{100}^{50} 弧面，入射点对准圆心标记，微微移动探头使回波最高，调节"深度微调 14"和"脉冲移位 15"，使始波对准水平刻度"0"，回波处在与声程成比例的刻度位置。这样便完成了探伤仪的声程标定。以后实验中不能再变动水平方向调节的三个旋钮（深度范围、深度微调和脉冲位移），否则要重复以上步骤。

3）确定缺陷位置

标定好后开始进行工件 2 的检测。

（1）斜探头放在工件侧面或上表面，开始时"衰减"适当小些。来回移动探头寻找缺陷，当回波出现后，调节"衰减调节 6"，使其波高达一定高度。

（2）微微移动探头位置，使回波尽量达最高，测量入射点到工件边的距离[图 4-20（b）中的 X、Y]；根据回波所在水平刻度计算声程[图 4-20（a）中的 S 或 X、h]。

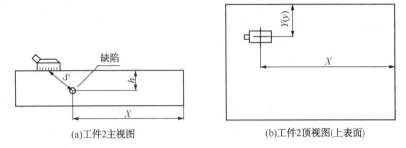

(a)工件2主视图　　　　　　　　(b)工件2顶视图(上表面)

图 4-20　工件 2 中缺陷位置

（3）根据上面测得的距离、声程以及探头 K 值，计算缺陷在工件内的位置。

（4）确定另一个缺陷的位置(重复上述步骤)。

（5）实验完毕，停机、整理、复原实验器材。

4. 注意事项

（1）探伤仪所显示的波，在水平方向上，通过调节"深度范围13"和"深度微调14"来改变始波与回波的距离；通过调节"脉冲位移15"来同时移动始波与回波。在确定声程过程中，首先应将始波调节到对准水平刻度"0"，参照距离探头找到缺陷回波，比较这两个回波在水平刻度的位置，即可求出缺陷位置。

（2）回波在探伤仪上显示出来的垂直幅度，通过调节"粗调衰减5"和"细调衰减6"作定量改变，"增益8"可起微调作用，但改变是不定量的。在作波高(即声压)比较时，首先将参照回波通过以上三个旋钮调节波高到某一值(如满度为80%)，然后再找到同声程缺陷回波，这时应保持"增益8"不变，仅仅改变"细调衰减6"使得缺陷波高与前次同样高(满度的80%)。这样，"细调衰减6"的改变量即为两回波声压比的分贝数。

4.1.3　HY-7188 型超声波探伤仪使用介绍

HY-7188 型数字超声波探伤仪如图 4-21 所示。

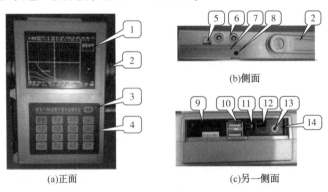

(a)正面　　　　　　(c)另一侧面

图 4-21　HY-7188 型数字超声波探伤仪面板

1—高亮彩屏幕；2—旋转把手；3—工作指示灯；4—薄膜键盘；5—电池盒卡扣；

6—探头接口；7—电池接口；8—充电口；9—SD 卡插口；10—USB 接口；

11—系统复位开关；12—LAN 接口；13—耳机接口；14—通信窗口

1. 缺陷深度和当量直径的确定

（1）首先了解 HY-7188 型超声波探伤仪的调节与使用，了解探伤仪上各个按键的作用与使用方法。打开探伤仪电源，将探头接上电缆，将仪器进行合适的设置，在工件表面涂少量机油作耦合剂，然后进行实验。

（2）选择 HY-7188 通道号为 1，将 K 值设为 0，此时系统探头自动定义为直探头。

（3）测量工件 1 的厚度尺寸 H，作为参照距离。

（4）在试件表面涂上耦合剂，移动探头找到工件底波，按"辅助"键，在测试菜单上依次选 AVG→平底孔→对已知孔进行测试。已知孔参数：当量直径 3mm、深度 90mm。测试完成后对曲线进行保存，存储完成后就可以对其他两个缺陷进行测试了，测试后缺陷的当量直径直接显示在屏幕右上方。

2. 斜探头入射点、折射角正切值 K 和声程的标定

用斜探头确定工件内缺陷的位置，必须知道所用斜探头的入射点、折射角正切值 K 以及探伤仪水平尺度与声程（或水平、垂直距离）的比值。这几项标定工作在标准试块 CSK-IA 上完成。

（1）始波偏移（零点校准）：在 CSK-IA 试块上，移动探头，调节声程，增益使得 $R50$、$R100$ 的最高波同时显示在屏幕上，并且这两个波高均不超过屏幕的 100%，紧按探头，按"辅助"键，直至屏幕右边显示：

测试菜单
零点测试
声速测试
K 值测试
DAC
AVG

进入"测试菜单"，选择"零点测试"，按"←┘"键，根据右框菜单提示，移动光标，输入一次波声程并选择"一次测试"后按屏幕提示操作，输入二次波声程并选择"二次测试"后按屏幕提示操作，进入"开始测试"。按"←┘"键，则零点测试完毕，相应的始偏值显示在屏幕下方。按"←┘"键返回。记录 $R50$、$R100$ 同心圆弧至探头重合位置（入射点）至探头前缘的距离。

（2）声速是指声波在工件中传播的速度。对标准钢材而言，仪器设定横波声速为 3230m/s，一般情况下，可以直接使用。

（3）K 值测试：斜探头 K 值是指被探工件中横波折射角的正切值，如图 4-22 所示。

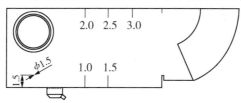

图 4-22 斜探头 K 值标定斜探头的位置及探测点

在试块上移动探头和调节增益使已知深度的小孔反射波达到最高，小孔的直径为1.5mm，深度为15mm，并且这个波高不超过屏幕的100%，紧按探头，按"辅助"键，直全屏幕右边显示：

测试菜单
零点测试
声速测试
K 值测试
DAC
AVG

用"+/−"键将光标移至"K 值测试"，按"←┘"键确定。

屏幕右边显示：

K 值测试
缺陷深度 mm
缺陷直径 mm
标称 K 值
开始测试

按"+/−"键将光标移至所要设定的参数，输入缺陷深度 15mm，缺陷直径为 1.5mm，再按"←┘"键确认，所有参数设定完后，进入"开始测试"菜单。按"←┘"键，则所测 K 值显示在屏幕下方。

3. 确定缺陷位置

（1）斜探头放在工件侧面或上表面，开始时"衰减"适当小些。来回移动探头寻找缺陷，当回波出现后，调节波形高度，使其波高达一定高度。

（2）微微移动探头位置，使回波尽量达最高，将门位移动至缺陷波的位置，测量参数出现在显示屏上(S 声程、L 入射点至缺陷的长度、D 缺陷深度)。

（3）根据上面测得的距离、声程以及探头 K 值，计算缺陷在工件内的位置。

（4）确定另一个缺陷的位置(重复上述步骤)。

（5）停机、整理、复原实验器材。

4.1.4 实验数据处理与分析

（1）实验目的、实验条件、实验步骤清晰。

（2）客观记录实验结果，判明缺陷性质、大小及位置。

（3）回答思考题，仔细进行结果分析和误差分析。

（4）实验报告数据用表格可参考表 4-1~表 4-3。

表 4-1 工件 1 检测结果

探伤仪型号：＿＿＿＿＿＿＿＿ 使用探头型号：＿＿＿＿＿＿＿＿ 工件编号：＿＿＿＿＿＿＿＿

	深度范围	深度微调	回波水平	刻度实际深度	衰减分贝	波高刻度	当量直径
底面						——	——
缺陷 1							
缺陷 2							
缺陷 3							

表 4-2 斜探头标定

斜探头型号：＿＿＿＿＿＿＿＿ 标准试块型号：＿＿＿＿＿＿＿＿

入射点至探头前缘距离	K 值	深度范围	深度微调	声程 S	缺陷的位置 X	缺陷的位置 Y	回波水平

表 4-3 工件 2 检测结果

探伤仪型号：＿＿＿＿＿＿＿＿ 探头型号：＿＿＿＿＿＿＿＿ 工件编号：＿＿＿＿＿＿＿＿

	回波水平刻度	缺陷至入射点距离（声程）S	入射点至工件边缘位置 X	入射点至工件边缘位置 Y	缺陷位置 x	缺陷位置 y	缺陷位置 h
缺陷 1							
缺陷 2							

4.2 磁粉检测实验

4.2.1 磁粉检测的基本原理

在磁导率不同的两种介质的界面上，磁感应线的方向会发生改变，这与光和声波的折射相似，称为磁感应线的折射。若两种介质的磁导率相差悬殊，例如铁和空气，磁感应线折射进入空气后几乎垂直于界面，从而引起磁场路径的改变，导致部分磁通泄漏于钢材的表面，形成漏磁场。

磁介质中磁场的分布情况与磁介质的性质和形状等因素有关，很难用解析形式表达，通常引入一个辅助的物理量 H，称为磁场强度。它也可以用磁感应线形象地进行描述。

磁介质在外磁场作用下，它的磁感应强度 B 与外加磁场强度 H 有如下的关系：

$$B = \mu H \qquad (4\text{-}10)$$

式中 H——外加磁场强度，A/m；

$\quad\quad$ B——磁感应强度，T；

$\quad\quad$ μ——磁导率，H/m。

物质磁导率与真空磁导率之比为相对磁导率 μ_r。对于铁磁性物质 $\mu_r \geqslant 1$，其数值在几百到几万的范围内。铁磁物质还具有磁滞回线特性。图 4-23 示出磁化曲线和磁滞回线。B_m 为磁感应强度，B_r 为剩余磁感应强度，H_c 为矫顽力，磁化曲线的斜率即为磁导率 μ。

当零件磁化时，在零件中就有磁感应线通过。对没有缺陷的工件，磁化后磁感应线均匀分布。当工件有缺陷时，就会在缺陷处发生磁感应线外泄现象，即产生漏磁通，形成一对局部磁极，如图4-24所示。这种局部磁极便吸引磁粉形成磁粉图。根据磁痕的形象和尺寸就可以判别缺陷的位置、大小、形状和性质。

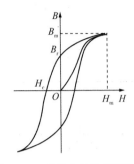

图4-23 磁化曲线和磁滞回线

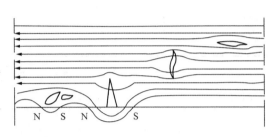

图4-24 磁粉检测原理

1. 磁粉检测方法及选择原则

磁粉检测按照不同的分类方法，可以分为以下几类：按探伤方法分，有连续法（附加磁场法）和剩磁法；按磁化电流性质分，有交流磁化法和直流磁化法；按磁化场的方向分，有周向磁化和纵向磁化；按显示介质的状态和性质分，有干粉法、湿粉法和荧光磁粉法；按磁化方法分，有直接通电法、局部磁化支杆法、心杆法、线圈法、磁轭法、复合磁化法和旋转磁场法等。图4-25~图4-30为各种磁化方法的示意图。

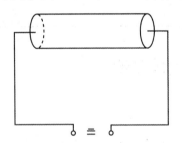

图4-25 直接通电法（周向）

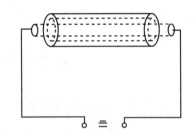

图4-26 心杆法（周向）

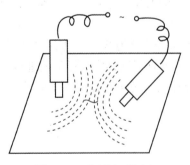

图4-27 支杆法（周向）

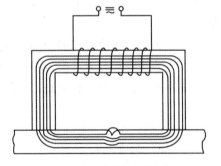

图4-28 磁轭法（纵向）

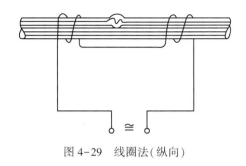

图 4-29 线圈法(纵向)

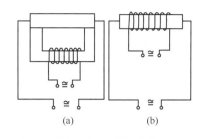

图 4-30 复合磁化法

磁粉检测方法选择的一般原则：连续法和剩磁法都可以进行检测时，优先选择连续法；对于湿法和干法，优先选择湿法；对于按磁化方法分类的检测方法，应根据工件的形状、尺寸，按操作的难易程度进行选择。

2. 磁粉检测的特点

磁粉检测既可用于板材、型材、管材及锻造毛坯等原材料及半成品或成品表面及近表面质量的检测，也可以用于重要机械设备、压力容器及石油化工设备的定期检查。

磁粉检测可以直观地显出缺陷的形状、位置与大小，并能大致确定缺陷的性质；检测灵敏度高，可检出宽度仅为 0.1μm 的表面裂纹；应用范围广，几乎不受被检工件大小及几何形状的限制；工艺简单，检测速度快，费用低廉。但是该方法仅局限于检测能被显著磁化的铁磁性材料(Fe、Co、Ni 及其合金)及由其制作的工件的表面与近表面的缺陷，不能用于抗磁性材料(如 Cu)及顺磁性材料(如 Al、Cr、Mn)；无法确知缺陷的深度；观察评定必须由检测人员的眼睛观察，难以实现真正的自动化检测；检测结果还只能通过照相或贴膜等方式处理。

4.2.2 磁粉探伤检测实验

1. 实验目的

(1)熟悉磁粉检测的基本原理；

(2)掌握磁粉检测的操作过程；

(3)熟悉磁粉检测的特点。

2. 实验条件

携带式磁粉探伤仪、磁粉悬浮液、待检工件。

3. 实验步骤

(1)对工件表面预处理，用砂纸、清水等清除掉工件表面的铁锈、污物等；准备好磁粉悬浮液。

(2)接通仪器电源开关，指示灯亮，表明电路已经接通。

(3)将探头和工件表面接触好，按下探头上的充磁按钮，充磁指示灯亮，表明工件已在磁化。

(4)充磁的同时，在工件表面刷磁粉悬浮液，注意掌握通电时间，一般不超过 1min。

(5)仔细观察寻找是否有磁痕堆积，从而评判缺陷是否存在，记录下缺陷位置和形状。

(6)实验结束后，关掉电源，清除工件表面上残留的磁粉，保持工件干净，整理实验工作台。

4．注意事项

（1）工件表面必须清除干净，务必保证工件无毛刺、无锈斑。

（2）磁痕检查必须仔细，防止错判、漏判或误判。

4.2.3　实验数据处理与分析

（1）实验目的、实验条件、实验步骤清晰。

（2）客观记录实验结果，判明缺陷性质和大小。

（3）回答思考题，仔细进行结果分析和误差分析。

4.3　渗透检测实验

4.3.1　渗透检测的基本原理

液体渗透检测的基本原理是渗透液因润湿作用和毛细现象而进入在工件表面开口的缺陷，随后被吸附和显像。渗透作用的速度和深度与渗透液的表面张力、内聚力、黏附力、黏度以及渗透时间、材料表面状态、缺陷的类型与大小等因素有关。

图 4-31 和图 4-32 分别为液体能够润湿和不能润湿毛细管壁的情况。细管内液面的高度和形状随液体对管壁润湿情况不同而变化的现象叫作液体的毛细现象。

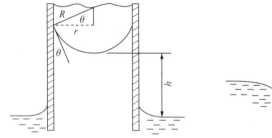

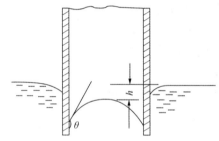

图 4-31　液体能润湿毛细管壁　　　　图 4-32　液体不能润湿毛细管壁

在图 4-31 中，管内凹形液面下有一个指向液体外的附加压强，它迫使管内液体上升，其高度为 h，则

$$h = \frac{4\alpha\cos\theta}{d\rho g} \tag{4-11}$$

式中　α——液体表面张力系数；

　　　θ——液体与管壁的接触角；

　　　d——毛细管直径；

　　　ρ——液体密度；

　　　g——重力加速度。

若液体完全润湿管壁，则 θ 角为零；若液体不润湿管壁，则管内液面下降的高度同样由式(4-11)表示。

润湿液体在间距很小的两平行板间也会产生毛细现象，其液面上升的高度恰为毛细管内同样液体上升高度的二分之一，即

$$h = \frac{2\alpha cos\theta}{d\rho g}$$ (4-12)

式中 d——平行板间的距离。

在实际渗透检测中，渗透液对工件表面点状缺陷如气孔、疏松、缩孔等漏管的渗透，就相当于液体在细管内的毛细作用；而对表面上裂纹、分层等缺陷的渗透，就相当于液体在间距很小的两平行板间的毛细作用。显像剂是由微米量级的白色粉末和易挥发的化学试剂组成的。粉末中的微小颗粒可以形成无数毛细管，缺陷内的渗透液很容易在这种毛细管中上升。所以，显像剂吸附缺陷中渗透液的过程也是一种毛细现象。

1. 渗透检测的方法

1) 着色检测法

如图 4-33 所示，在净化后的工件表面上，涂刷或喷一层着色液，又称渗透剂，经 15~30min 后，渗透液对缺陷边壁逐渐浸润而渗入缺陷内部；然后用水(对自乳化水洗型渗透剂)或溶剂(对溶剂清洗型渗透液)把工件表面多余的渗透液清洗干净；接着用显像剂(常用 MgO_2、SiO_2 粉末等显像剂均匀调配在水或溶剂中配制成)均匀涂撒在工件表面，残留在缺陷内的渗透液由于毛细作用原理被显像剂吸附至工件表面形成放大的红色缺陷显示痕迹。缺陷在自然光下显示红色，检验人员根据红色图像来确定缺陷的位置、性质、方向和大小。一般来说，缺陷图形颜色较深、鲜艳，边缘不十分清晰。裂纹、分层和未焊透图像呈线状，气孔图像呈点状，疏松图像呈分散的红点，密集气孔的红点杂乱无章，也可能连成一片。

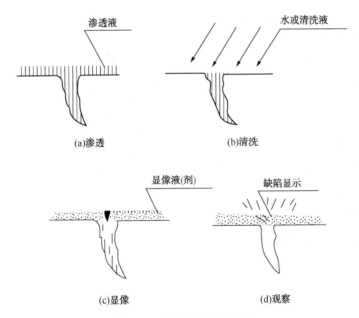

图 4-33 着色检测法示意图

2) 荧光检测法

将待查工件表面上的油泥等污物清除干净，涂以荧光粉渗透液，由于荧光粉液的渗透力很强，若工件表面有裂纹等缺陷，则粉液将渗入缺陷内。停留 5~10min 后，除去表面的荧光液(这样只有在缺陷内部存留有荧光液)，在工件的表面撒上一层氧化镁粉末(或把小型工件埋在氧化镁粉末里），振动几下。这时，在缺陷处的氧化镁被荧光油液浸透，并有一部分渗入缺陷的空腔内，接着把多余的粉末吹掉，最后在暗室中用紫外线灯照射工件，如图 4-34 所示。在紫外线作用下，留在缺陷处的荧光物质发出明亮的荧光。缺陷是裂纹时，它们就会以明亮的曲折线条出现。

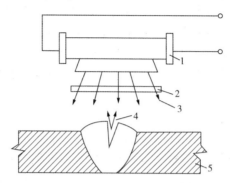

图 4-34　荧光检测工作原理

1—荧光灯（紫外线灯）；2—滤光片（氧化镍玻璃）；3—紫外线；4—荧光物质；5—工件

3）渗透检漏法

液体渗透检漏法可以检查容器或焊缝上是否有穿透性缺陷存在。最简单的检漏试验是煤油透漏试验。在焊缝易于观察的一面涂以白垩浆，干燥后在焊缝的另一面涂以煤油，然后观察白垩粉上是否有透过的煤油痕迹。使用着色和荧光渗透液及其相应的显像剂进行检漏试验，比煤油透漏的灵敏度更高。

2. 渗透检测的特点

渗透检测可以检查金属和非金属材料表面开口状的缺陷。与其他无损检测方法相比，具有检测原理简单、操作容易、方法灵活、适应性强的特点，可以检查各种材料，且不受工件几何形状、尺寸大小的影响。对于小零件可以采用浸液法，对大零件可采用刷涂或喷涂法，一次检测可以探查任何方向的缺陷，因此，应用十分广泛。

液体渗透检测对表面裂纹有很高的检测灵敏度。其缺点是操作工艺程序要求严格、烦琐，不能发现非开口表面的皮下和内部缺陷，检验缺陷的重复性较差。

4.3.2　渗透检测实验

1. 实验目的

（1）熟悉渗透检测的基本原理；

（2）掌握渗透检测的操作过程；

（3）熟悉渗透检测的特点。

2. 实验条件

渗透剂、显像剂、清洗剂、待检工件。

3. 实验步骤

（1）清洗：去除工件表面氧化皮、锈蚀、焊药和飞溅等表面脏物。用清洗剂喷洗工件表面。

（2）渗透：清洗完的工件稍干后，喷涂上渗透剂，注意保证被检部位完全被渗透液覆盖，并在整个渗透时间内保持润湿状态。

（3）清洗：5min 后再用清洗剂将多余的渗透剂喷洗干净。

（4）显像：向工件均匀喷涂显像剂。

（5）干燥：一般情况下，等 5min 以上时间，工件可在室温条件下自然干燥。

（6）判伤检查：在自然光下观察工件表面查看是否有渗透剂颜色的伤痕，仔细观察缺陷情况，对缺陷形状和尺寸进行评估。

（7）整理：实验完毕，清洗工件，整理实验工作台。

4. 注意事项

（1）工件表面在实验前一定要清理干净。

（2）所有试剂均需摇匀后使用。

（3）喷涂距离一般为 150～300mm。

（4）喷涂渗透剂或显像剂后，要保证充裕的时间后再进行下一步操作。

（5）喷涂显像剂时，应使显像剂在被检工件表面形成均匀、圆滑的薄层，并应覆盖掉工件底色，注意显像剂层不能太薄也不能太厚，否则缺陷显示不明显。

4.3.3 实验数据处理与分析

（1）实验目的、实验条件、实验步骤清晰。

（2）客观记录实验结果，判明缺陷性质和大小。

（3）回答思考题，仔细进行结果分析和误差分析。

第5章　信号测试与处理实验

5.1　等强度梁实验

5.1.1　多功能力学实验装置介绍

　　振动与控制实验台是用于材料力学电测法实验的装置，它是将多种材料力学实验集中在一个实验台上进行，使用时稍加调整，即可进行教学大纲规定内容的多项实验。DHMMT多功能力学实验装置如图5-1所示。

　　本实验台采用蜗杆机构以螺旋千斤方式加载，经传感器由静态应变测试分析系统测试出力的大小；各试件受力变形，通过应变片由静态应变测试分析系统显示。整机结构紧凑、外形美观、加载稳定、操作省力，调整高度、滚动两用的活动铰链保证仪器搬运方便，调整水平效果好。整套系统实验效果好，易于学生自己动手，有利于提高教学质量。本设备的潜力较大，还可根据需要，增设其他实验，实验数据也可由计算机处理。

5.1.2　电阻应变测量原理

　　电阻应变测试方法是用电阻应变片测定构件的表面应变，再根据应变-应力关系(即电阻-应变效应)确定构件表面应力状态的一种实验应力分析方法。这种方法是以粘贴在被测构件表面上的电阻应变片作为传感元

图5-1　多功能力学实验教学装置

件，当构件变形时，电阻应变片的电阻值将发生相应的变化，利用电阻应变仪将此电阻值的变化测定出来，并换算成应变值或输出与此应变值成正比的电压信号，由应变测试分析仪记录下来，就可得到所测定的应变或应力。

　　通过在试件上粘贴电阻应变片，可以将试件的应变转换为应变片的电阻变化，但是通常这种电阻变化是很小的。为了便于测量，需将应变片的电阻变化转换成电压(或电流)信号，再通过电子放大器将信号放大，然后由指示仪或记录仪指示出应变值。这一任务是由电阻应变仪来完成的。而电阻应变仪中电桥的作用是将应变片的电阻变化转换成电压(或电流)信号。电桥根据其供电电源的类型可分为直流电桥和交流电桥，下面以直流电桥为例来说明其电路原理。

1. 电桥的平衡

　　直流电桥如图5-2所示，电桥各臂 R_1、R_2、R_3、R_4 可以全部是应变片(全桥式接法)，也可以部分是应变片，其余为固定电阻，如当 R_1、R_2 为应变片，R_3、R_4 接精密无感固定电阻时，称为半桥式接法。

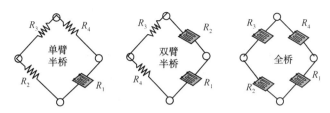

图 5-2　直流电桥接桥法

桥路 AC 端的供桥电压为 U，则在桥路 BD 端的输出电压为：

$$U_{BC} = \frac{U}{R_1 + R_2} R_2 \qquad (5-1)$$

$$U_{DC} = \frac{U}{R_3 + R_4} R_3 \qquad (5-2)$$

$$U_{BD} = U_{BC} + U_{CD} = U_{BC} - U_{DC} = \frac{R_1 R_3 - R_2 R_4}{(R_1 + R_2)(R_3 + R_4)} U \qquad (5-3)$$

由式(5-3)可知，当桥臂电阻满足 $R_1 R_3 = R_2 R_4$ 时，电桥输出电压 $U_{BD} = 0$，称为电桥平衡。

2. 电桥输出电压

设电桥四个桥臂的电阻 $R_1 = R_2 = R_3 = R_4 = R$，均为黏贴在构件上的四个应变片，且在构件受力前电桥保持平衡，即 $U_{BD} = 0$，在构件受力后，各应变片的电阻改变分别为 ΔR_1、ΔR_2、ΔR_3、ΔR_4 时，电桥失去平衡，将有一个不平衡电压 U_{BD} 输出，其增量为：

$$\Delta U_{BD} \approx \frac{\partial U_{BD}}{\partial R_1} \Delta R_1 + \frac{\partial U_{BD}}{\partial R_2} \Delta R_2 + \frac{\partial U_{BD}}{\partial R_3} \Delta R_3 + \frac{\partial U_{BD}}{\partial R_4} \Delta R_4 \qquad (5-4)$$

可进一步整理为：

$$\Delta U_{BD} = \left[\frac{R_1 R_2}{(R_1 + R_2)^2} \left(\frac{\Delta R_1}{R_1} - \frac{\Delta R_2}{R_2} \right) + \frac{R_3 R_4}{(R_3 + R_4)^2} \left(\frac{\Delta R_3}{R_3} - \frac{\Delta R_4}{R_4} \right) \right] \qquad (5-5)$$

对以下常用的测量电路，该输出电压的变化可作进一步简化：

$$\Delta U_{BD} = \frac{U}{4} \left(\frac{\Delta R_1}{R_1} - \frac{\Delta R_2}{R_2} + \frac{\Delta R_3}{R_3} - \frac{\Delta R_4}{R_4} \right) \qquad (5-6)$$

将 $\dfrac{\Delta R}{R} = K\varepsilon$ 代入式(5-6)中可得：

$$\Delta U_{BD} = \frac{UK}{4} (\varepsilon_1 - \varepsilon_2 + \varepsilon_3 - \varepsilon_4) \qquad (5-7)$$

式(5-7)表明输出电压的增量 ΔU_{BD} 与桥臂上的应变组合 $(\varepsilon_1 - \varepsilon_2 + \varepsilon_3 - \varepsilon_4)$ 成正比，如将电压增量按单位读数 $UK/4$ 指示，则能直接读出应变组合 $(\varepsilon_1 - \varepsilon_2 + \varepsilon_3 - \varepsilon_4)$ 的大小，即输出读数 $\varepsilon_{\mathrm{ds}} = \varepsilon_1 - \varepsilon_2 + \varepsilon_3 - \varepsilon$。式(5-7)是应变电测的最重要的关系式，各种应变测量方法均以此式为依据。

1）1/4 桥接线法

若在测量电桥中的 ab 臂上接应变片，而另外三臂 bc、cd 和 da 接应变仪内部的固定电阻 R，则称为 1/4 桥接线法，如图 5-3 所示。由于 bc、cd 和 da 桥臂间接固定电阻，不感受应变，即应变为零。由公式 $\varepsilon_{ds}=\varepsilon_1-\varepsilon_2+\varepsilon_3-\varepsilon_4$ 可得到应变仪的读数应变为：$\varepsilon_{ds}=\varepsilon_1$。

　　2）半桥接线法

　　若在测量电桥中的 ab 和 bc 臂上接应变片，而另外两臂 cd 和 da 接应变仪内部的固定电阻 R，则称为半桥接线法，如图 5-4 所示。由于 cd 和 da 桥臂间接固定电阻，不感受应变，即应变为零。由公式 $\varepsilon_{ds}=\varepsilon_1-\varepsilon_2+\varepsilon_3-\varepsilon_4$ 可得到应变仪的读数应变为：$\varepsilon_{ds}=\varepsilon_1-\varepsilon_2$。

　　3）全桥接线法

　　若在测量电桥的四个桥臂上全部都接感受应变的工作片，则称为全桥接线法，如图 5-5 所示。此法既能提高灵敏度，实现温度补偿（互补），又可消除导线过长的影响，同时还降低接触电阻的影响。此时应变仪的读数应变由公式 $\varepsilon_{ds}=\varepsilon_1-\varepsilon_2+\varepsilon_3-\varepsilon_4$ 即可得出：$\varepsilon_{ds}=\varepsilon_1-\varepsilon_2+\varepsilon_3-\varepsilon_4$。

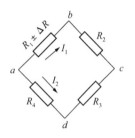　　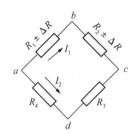　　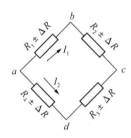

　　　图 5-3　1/4 桥接线法　　　　　图 5-4　半桥接线法　　　　　图 5-5　全桥接线法

3. 电桥电路的基本特征

　　（1）在一定的应变范围内，电桥的输出电压 ΔU_{BD} 与各桥臂电阻的变化率 $\Delta R/R$ 或相应的应变片所感受的（轴向）应变 $\varepsilon_{(n)}$ 呈线性关系；

　　（2）各桥臂电阻的变化率或 $\Delta R/R$ 相应的应变片所感受的应变 $\varepsilon_{(n)}$ 对电桥输出电压的变化 ΔU 的影响是线形叠加的，其叠加方式为：相邻桥臂异号，相对桥臂同号。

　　充分利用电桥的这一特性不仅可以提高应变测量的灵敏度及精度，而且可以解决温度补偿等问题。

4. 温度补偿片

　　温度的变化对测量应变有着一定的影响，消除温度变化的影响可采用以下方法。实测时，把粘贴在受载荷构件上的应变片作为 R_1，以相同的应变片粘贴在材料和温度都与构件相同的补偿块上作为 R_2，以 R_1 和 R_2 组成测量电桥的半桥，电桥的另外两臂 R_3 和 R_4 为测试仪内部的标准电阻，则可以消除温度影响。

　　利用这种方法可以有效地消除温度变化的影响，其中作为 R_2 的电阻应变片就是用来平衡温度变化的，称为温度补偿片。

5.1.3　等强度实验

1. 实验目的

　　(1) 学习应用应变片组桥检测应力的方法；

　　(2) 验证变截面等强度实验；

　　(3) 掌握用等强度梁标定电阻应变计灵敏度系数的方法；

（4）测定材料泊松比实验；

（5）学习静态应变测试分析系统的使用方法。

2. 实验装置

等强度梁实验装置及安装如图 5-6 所示。

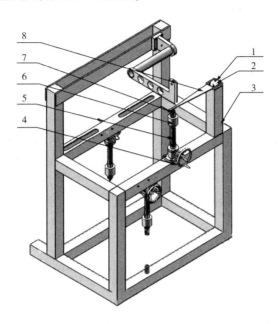

图 5-6　等强度梁实验装置及安装图

1—紧固螺钉；2—紧固盖板；3—台架主体；4—手轮；5—蜗杆升降机构；
6—拉压力传感器；7—压头；8—等强度梁

等强度梁的安装与调整：

如图 5-6 所示，将拉压力传感器安装在蜗杆升降机构上拧紧，顶部装上压头。摇动手轮使之降到适当位置，以便不妨碍等强度梁的安装。将等强度梁如图放置，调整梁的位置使其端部与紧固盖板对齐，转动手轮使压头与梁的接触点落在实验梁的对称中心线上。调整完毕，将紧固螺钉(共四个)用扳手全部拧紧。

注意：实验梁端部未对齐或压头接触点不在实验梁的对称中心线上，将导致实验结果有误差，甚至错误。

等强度梁的贴片：1#、2#、3#片分别位于梁水平上平面的纵向轴对称中心线上，1#、3#片关于 2#片呈左右对称分布，如图 5-7 所示。

图 5-7　等强度梁贴片图

71

3. 实验步骤

（1）把等强度梁安装于实验台上，注意加载点要位于等强度梁的轴对称中心。

（2）将传感器连接到 DH3818 测力部分的信号输入端，公共补偿片接在 DH3818 公共补偿通道上，将所选测应变通道通过 DH3818 信号输入线与梁上应变片连接，应变片的两个端子分别与信号输入线上的+Eg、Vi+连接，并将 1/4 桥铜片推入，检查并记录各测点的顺序。

（3）打开仪器，设置仪器的参数、力传感器的量程和灵敏度。

（4）本实验取初始载荷 $P_0 = 20N$、$P_{max} = 100N$、$\Delta P = 20N$，以后每增加载荷 20N，记录应变读数 ε_i，共加载五级，然后卸载。再重复测量，共测三次。取数值较好的一组，记录到数据列表中。

（5）未知灵敏度的应变片的简单标定：沿等强度梁的中心轴线方向粘贴未知灵敏度的应变片，将带所选测应变任意通道的+Eg、Vi+、1/4 桥接到梁上应变片端子，重复以上第（3）、第（4）步。

（6）实验完毕，卸载，实验台和仪器恢复原状。

4. 注意事项

1）准备工作

（1）应变片的挑选：组成同一桥路的应变片的原始电阻值相差不能大于 0.5Ω，否则应变仪将无法调到初始平衡。用四位电阻电桥或数字万用表测量应变片的电阻值，挑选出数片阻值尽量接近的应变片。

（2）测量等强度梁的长宽比 L/b 以及厚度 h，厚度尺寸对计算结果的影响最大。

（3）在等强度梁上确定贴片部位及方向，用划针划出十字交叉线。

（4）应变仪的准备：通电预热半小时，根据所用电阻应变片的灵敏系数，调节电阻应变仪的灵敏系数与其一致；应变仪调平。

2）应变片的粘贴

（1）清理粘贴部位：用砂皮打磨到没有锈斑、凹坑和刻痕，先用干面球擦干净，然后再用浸有无水乙醇的棉球擦洗，更换棉球直到擦后不污为止。擦洗时不要来回擦，应按单一方向擦，擦洗过的表面不得用手触摸。待溶剂挥发完毕，表面干燥后才能涂胶和贴片。

（2）贴片：用手指或镊子夹持应变片的引出线，在应变片的背面滴上一小滴胶水，然后将应变片放到粘贴位置，用镊子拨动到准确的方位上，立刻将聚乙烯膜将其盖上，用手指柔和滚压，逐渐加力，排除应变片下的气泡，挤出多余的胶水，并维持一段时间，至应变片基本粘牢后再松开。

注意：切忌让胶水接触人体造成伤害！

3）接线

（1）在距应变片一小段距离处用胶水粘贴接线端子。

（2）在应变片与接线端子间垫以绝缘胶布。

（3）将应变片的引出线焊牢在接线端子上，剪去多余部分。

（4）检查应变片电阻是否发生了变化，应变片与梁之间电阻是否大于 $100M\Omega$。如发生断线、短路、接触不良要查找原因并排除。

（5）将连接导线焊在接线端子上。

（6）用吹风机吹干后，在应变片、引线和接线端子表面涂一层密封胶防护层。

4）接桥

（1）按 DH3818 应变测量仪的使用说明书，将应变仪设为全桥状态。

（2）将测量用的应变片导线接入桥路并拧紧。

（3）按下"平衡"开关，使应变仪读数为零。

（4）接桥方式：

A（见图 5-8）：

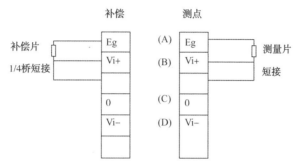

图 5-8　单个测点的应变测量

B（见图 5-9 和图 5-10）：

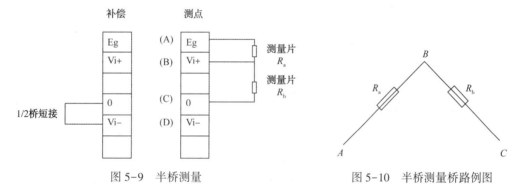

图 5-9　半桥测量　　　　　　　　　　图 5-10　半桥测量桥路例图

C（见图 5-11 和图 5-12）：

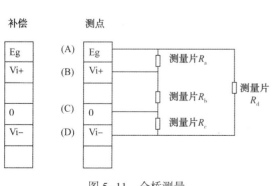

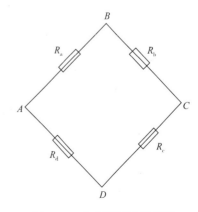

图 5-11　全桥测量　　　　　　　　　　图 5-12　全桥测量桥路例图

5.1.4 实验数据处理与分析

将实验数据记录在表 5-1 中，并对表中的数据进行分析。

表 5-1 数据记录表

载荷 p/N	应变仪读数 ε [单位：$\mu(10^{-6})$]							
	ε_1	$\Delta\varepsilon_1$	ε_2	$\Delta\varepsilon_2$	ε_3	$\Delta\varepsilon_3$	ε_4	$\Delta\varepsilon_4$
20		—		—		—		—
40								
60								
80								
100								
	—		—		—		—	
平均值	$\Delta\varepsilon_{已知}$				$\Delta\varepsilon_{未知}$			
灵敏度 $= 2.00 \times \Delta\varepsilon_{已知} / \Delta\varepsilon_{未知}$								

5.2 机械结构无线应力测试实验

5.2.1 无线应力测试原理

1. BDI 无线应力测试系统

BDI 无线应力测试系统由 STS-WiFi 移动基站、STS-WiFi 节点模块、STS-WiFi 传感器和 WinSTS 数据采集软件组成，如图 5-13 所示。

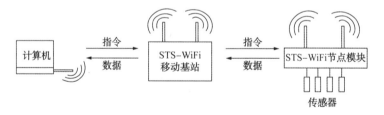

图 5-13 BDI 无线应力测试系统数据传输示意图

STS-WiFi 移动基站通过无线网络与计算机和 STS-WiFi 节点模块连接。STS-WiFi 节点模块与 STS-WiFi 传感器有线连接。测试时，传感器的数据反馈到节点模块，由节点模块发送数据到移动基站，最后由移动基站发送数据给计算机，结合 WinSTS 数据采集软件给出实时的应变变化。

1) STS-WiFi 移动基站(见图 5-14)

移动基站是由电池供电的无线转接站。这个装置在使用多个 STS-WiFi 节点模块的时，在电脑和多个模块之间起到连接的作用。多个移动基站可以使用一根以太网连接线平行地连接起来，用来绕过障碍物或者信号覆盖盲区进行信号传递。

图 5-14　STS-WiFi 移动基站

2）STS-WiFi 节点模块（见图 5-15）

每个 STS-WiFi 节点模块有四个通道，并使用无线宽带技术与 STS-WiFi 移动基站连接，移动基站再通过无线信号传输与电脑相连。节点模块和移动基站之间的信号连接范围可达几百英尺，并且还可以通过增加移动基站或无线以太网路由器的方法扩大传输的范围。

3）STS-WiFi 传感器（见图 5-16）

传感器有效长度：76.2mm。

尺寸：116.8mm×31.8mm×8mm。

材料：钢或铝。

图 5-15　STS-WiFi 节点模块

图 5-16　STS-WiFi 传感器

电路：由 4 只灵敏的 350Ω 的应变片采用全桥接法组成。在测量电桥的四个桥臂上全部都接感受应变的工作片，称为全桥接线法，如图 5-5 所示。此法既能提高灵敏度，实现温度补偿（互补），又可消除导线过长的影响，同时还降低接触电阻的影响。此时应变仪的读数应变由公式 $\varepsilon_{ds} = \varepsilon_1 - \varepsilon_2 + \varepsilon_3 - \varepsilon_4$ 得出。

固定方法：C 型夹具或固定块和黏结剂。

2. 受弯曲梁理论应力

由材料力学可知，梁受纯弯时的正应力公式为：

$$\sigma_{理} = \frac{M \cdot y}{I_z} \tag{5-8}$$

式中　M——弯矩；

y——中性轴（z 轴）至待求应力点的距离；

I_z——横截面对 z 轴的惯性矩。

本实验采用逐级等量加载的方法加载，每次增加等量的载荷 Δp，测定各点相应的应变增量一次，即：初载荷为零，最大载荷为4kN，等量增加的载荷 Δp 为500N。分别取应变增量的平均值(修正后的值) $\Delta \overline{\varepsilon}_{实}$，求出各点应力增量的平均值 $\Delta \overline{\sigma}_{实}$。

$$\Delta \overline{\sigma}_{实} = E \cdot \Delta \overline{\varepsilon}_{实} \tag{5-9}$$

式中 E——等强度梁钢的弹性模量。

$$\overline{\sigma}_{理} = \frac{M \cdot y}{I_z} \tag{5-10}$$

把测量得到的应力增量 $\overline{\sigma}_{理}$ 与理论公式计算出的应力增量 $\overline{\sigma}_{理}$ 加以比较，从而可验证公式的正确性。增加载荷作用下的弯矩增加量 ΔM 接下式求出：

$$\Delta M = \frac{1}{2} \Delta p \cdot a \tag{5-11}$$

式中 a——应变片测试点到固定支点的距离，以实验中实际测试为准。

5.2.2 无线应力测试实验

1. 实验目的

（1）熟悉基于无线信号传输的应力测试原理方法；

（2）测定机械结构在纯弯曲时某一截面上的应力及其分布情况；

（3）观察梁在纯弯曲情况下所表现的虎克定律，从而判断平面假设的正确性；

（4）熟悉电测静应力实验的原理并掌握其操作方法；

（5）实验结果与理论值比较，验证弯曲正应力公式 $\sigma = M \cdot y / I_z$ 的正确性。

2. 实验装置安装

受压(拉)梁无线应力测试系统实验的安装组图如图5-17所示。

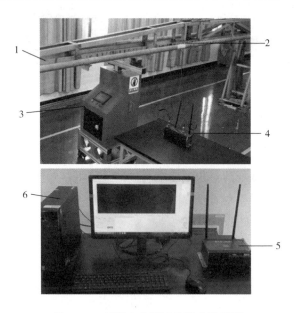

图5-17 无线应力测试系统安装组图

1—组合梁；2—应力传感器；3—加载装置；4—测试节点模块；5—STS-WiFi移动基站；6—计算机

1）系统的安装

如图 5-17 所示，选取传感器安装点、加载装置支点。将传感器安装在被测梁的指定位置上，调整好两端加载支点的位置，接通电源，适当伸出加载主臂，使加载装置顶端 V 形槽与梁稍稍接触。检查加载机构是否关于加载中心对称，如不对称应反复调整。

注意：实验过程中应保证加载杆始终处于铅垂状态，并且整个加载机构关于中心对称，否则将导致实验结果有误差，甚至错误。

2）传感器的安装

选择水平方向进行传感器安装，测点位置位于轴对称中心线上，可沿中心线布置多个测点，如图 5-18 所示。

图 5-18　传感器安装图

3. 实验步骤

（1）确定测点位置。

本实验中桁架所受的载荷为拉压载荷，测点位置布置在桁架的横梁上。

（2）安装无线应力传感器。

如图 5-19 所示，首先将固定传感器的夹片放入夹板中，用螺母拧紧夹片。粘贴无线应力传感器时需要用到 410 胶水和快干黏合剂，如图 5-20 所示，首先将 410 胶水涂抹在无线应力传感器的基座夹片上，将快干黏合剂均匀地涂抹在无线应力传感器基座上，并与桁架黏合，等待数秒粘贴牢固后松开。图 5-21 展示了安装完成的传感器。

图 5-19　夹片和夹板

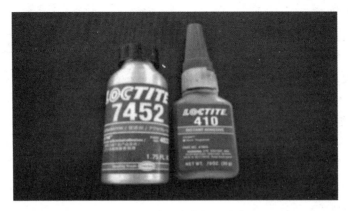

图 5-20　快干黏合剂和胶水

图 5-21　安装完成的传感器

（3）构建无线应力测试系统。

无线应力测试系统包含加载系统、STS-WiFi 移动基站、STS-WiFi 节点模块、STS-WiFi 传感器和 WINSTS 软件。组装 STS-WiFi 移动基站、STS-WiFi 节点模块，打开电源，如图 5-22 所示。

图 5-22　无线应力测试系统

打开计算机上的无线网络设置，连接 STS3 无线网络，如图 5-23 所示。

打开 WINSTS 软件，此时软件会自动寻找无线基站连接，设置存储数据的目录、文件名、采样时间和采样率，此时在传感器选项框中可以看到已经连接的传感器。实验时从软件界面中可看到相应的传感器（每个传感器的编号都是独一无二的），如图 5-24 所示。

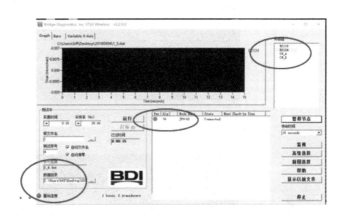

图 5-23　无线网络设置　　　　　　　图 5-24　WINSTS 软件界面

（4）加载。

图 5-25 为加载装置，加载装置由滑块、加压杆和中控系统组成。滑块可以左右滑动调整距离使得加载受力时更加均匀。中控系统控制加压杆作上下运动从而给桁架一个向上的压力。图中绿色按钮是开始键，加载时按动绿色按钮加压杆缓慢上升最终达到指定压力，卸载时按红色按钮，加压杆会缓慢下降。中控系统可以调节需要加载的载荷大小、上升速度、压力偏差等参数。

图 5-25　加载装置

图 5-26 为中控系统的操作主界面。加载时点击压力设定的设定框，弹出加载界面，在此界面下输入施加的载荷大小，如图 5-27 所示。

图 5-26 中控系统操作主界面

图 5-27 输入施加载荷

点击右下角的参数按钮弹出参数设置对话框，点击置零按钮。此步骤是为了防止加载时传感器出现零漂。其他参数保持不变，如图 5-28 所示。

图 5-28 参数设定窗口

点击加载装置上的绿色按钮，此时加压杆会缓慢上升。当加压杆即将触碰到桁架时，点击 WINSTS 软件的运行按钮，此时 WINSTS 软件的绘图框将会有应变图显示（见图 5-29），触碰到桁架后加载装置的主界面上的压力值会逐渐变大，到达设定压力后加压杆会自动停止上升，此时加载完成（见图 5-30）。点击 WINSTS 软件停止按钮，应变数据记录完成。

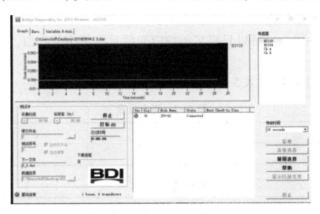

图 5-29　加载应变曲线

图 5-30　加载结束界面

（5）本实验取初始载荷 $p_0 = 0$，$p_{max} = 3kN(2500N)$，$\Delta p = 0.5kN(500N)$，以后每增加载荷 500N，记录应变读数 ε_i，共加载五级，然后卸载。再重复测量，共测三次。从软件中读取数值，选择数值较好的一组记录到数据列表中。

（6）实验完毕，卸载，实验台和仪器恢复原状。

5.2.3　实验数据处理与分析

（1）求出各测量点在等量载荷作用下，应变增量的平均值 $\Delta \overline{\varepsilon}_{测}$。

（2）以各测点位置为纵坐标，以修正后的应变增量平均值 $\Delta \overline{\varepsilon}_{实}$ 为横坐标，画出应变随试件截面高度变化曲线。

（3）根据各测点应变增量的平均值 $\Delta \overline{\varepsilon}_{实}$，计算 $\Delta \overline{\sigma}_{实} = E \cdot \Delta \overline{\varepsilon}_{实}$。

（4）根据实验装置的受力图和截面尺寸，先计算横截面对 z 轴的惯性矩 I_z，再应用弯曲应力的理论公式，计算在等增量载荷作用下，各测点的理论应力增量值：

$$\overline{\sigma}_{理} = \frac{M \cdot y}{I_z} \tag{5-12}$$

81

（5）比较各测点应力的理论值和实验值，并按下式计算相对误差：

$$e = \frac{\overline{\sigma}_{\text{理}} - \overline{\sigma}_{\text{实}}}{\overline{\sigma}_{\text{理}}} \times 100\% \tag{5-13}$$

在梁的中性层内，因 $\Delta\sigma_{\text{理}} = 0$，$\Delta\overline{\sigma}_{\text{理}} = 0$，故只需计算绝对误差。

（6）比较梁中性层的应力。由于电阻应变片是测量一个区域内的平均应变，粘贴时又不可能正好贴在中性层上，所以只要实测的应变值是一很小的数值，就可认为测试是可靠的。

实验记录表格如表 5-2~表 5-4 所示。

表 5-2　测点位置

测点编号	1	2	3	4
测点至中性层的距离 y/mm				

表 5-3　实验记录

载荷 p/N	应变仪读数 ε[单位：$\mu(10^{-6})$]											
	ε_1	$\Delta\varepsilon_1$	ε_2	$\Delta\varepsilon_2$	ε_3	$\Delta\varepsilon_3$	ε_4	$\Delta\varepsilon_4$	ε_5	$\Delta\varepsilon_5$	ε_6	$\Delta\varepsilon_6$
500		—		—		—		—		—		—
1000												
1500												
2000												
2500												
3000	—											
$\Delta\overline{\varepsilon}_{\text{实}}$												

表 5-4　实验结果

测点编号	1	2	3	4
应变修正值 $\Delta\overline{\varepsilon}_{\text{实}}$				
应变实验值 $\Delta\overline{\sigma}_{\text{实}}$（$= E\Delta\overline{\varepsilon}_{\text{实}}$）				
应力理论值 $\overline{\sigma}_{\text{理}}\left(\dfrac{M \cdot y}{I_z}\right)$				
误差 $e = \dfrac{\overline{\sigma}_{\text{理}} - \overline{\sigma}_{\text{实}}}{\overline{\sigma}_{\text{理}}} \times 100\%$				

附：泊松比的测定

材料力学中还假设梁的纯弯曲段是单向应力状态，为此可在梁上表面安装应变传感器，测出横向与纵向 ε，根据

$$E = \frac{\Delta p}{\Delta\varepsilon_{\text{纵}} A}, \quad \mu = \left|\frac{\Delta\varepsilon_{\text{横}}}{\Delta\varepsilon_{\text{纵}}}\right| \tag{5-14}$$

可由（$\Delta\varepsilon_{\text{横}}/\Delta\varepsilon_{\text{纵}}$）计算得到梁材料的泊松比 μ，从而验证梁弯曲时近似于单向应力状态。计算材料的弹性模量 E 值和泊松比 μ 值。

第6章　自动控制理论实验

6.1　典型环节的时域响应

6.1.1　实验原理及内容

时域分析法是在时间域内研究控制系统在各种典型信号的作用下系统响应(或输出)随时间变化规律的方法。因为它是直接在时间域中对系统进行分析的方法,所以具有直观、准确的优点,并且可以提供系统响应的全部信息。下面就实验中将要遇到的一些概念作以简单介绍:

(1)稳态分量和暂态分量　对于任何一个控制系统来说,它的微分方程的解,总是包括两部分:稳态分量和暂态分量。稳态分量反映了系统的稳态指标或误差,而暂态分量则提供了系统在过渡过程中的各项动态性能信息。

(2)稳态性能和暂态性能　稳态性能是指稳态误差,通常是在阶跃函数、斜坡函数或加速度函数作用下进行测定或计算的。若时间趋于无穷时,系统的输出量不等于输入量或输入量的确定函数,则系统存在稳态误差。稳态误差是对系统控制精度或抗扰动能力的一种度量。暂态性能又称动态性能,指稳定系统在单位阶跃函数作用下,动态过程随时间 t 的变化规律的指标。其动态性能指标通常为:

① 延迟时间 t_d:指响应曲线第一次达到其终值一半所需的时间。

② 上升时间 t_r:指响应从终值10%上升到终值90%所需的时间。对于有振荡的系统,亦可定义为响应从第一次上升到终值所需的时间。上升时间是系统响应速度的一种度量,上升时间越短,响应速度越快。

③ 峰值时间 t_p:指响应超过其终值到达第一个峰值所需的时间。

④ 调节时间 t_s:指响应到达并保持在终值±5%或±2%内所需的时间。

⑤ 超调量 $\delta\%$:指响应的最大偏离量 $h(t_p)$ 与终值 $h(\infty)$ 之差的百分比。

上述五个动态性能指标基本上可以体现系统动态过程的特征。在实际应用中,常用的动态性能指标多为上升时间、调节时间和超调量。通常,用 t_r 或 t_p 评价系统的响应速度;用 $\delta\%$ 评价系统的阻尼程度;而 t_s 是反映系统响应振荡衰减的速度和阻尼程度的综合性能指标。应当指出,除简单的一、二阶系统外,要精确确定这些动态性能指标的解析表达式是很困难的。本章通过对典型环节、典型系统的时域特性的实验研究来加深对以上概念的认识和理解。

下面列出各典型环节的方框图、传递函数、模拟电路图、阶跃响应,实验前应熟悉了解。

1. 比例环节(P)

(1)方框图:如图6-1所示。

图6-1　比例方框图

（2）传递函数：

$$\frac{U_{\mathrm{o}}(S)}{U_{\mathrm{i}}(S)} = K \qquad\qquad (6-1)$$

（3）阶跃响应：

$$U_{\mathrm{o}}(t) = K \quad (t \geqslant 0) \qquad\qquad (6-2)$$

式中 $K = R_1/R_0$。

（4）模拟电路图：如图 6-2 所示。

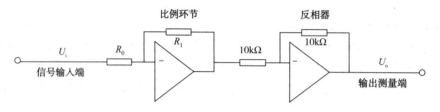

$R_0 = 200\mathrm{k}\Omega; R_1 = 100\mathrm{k}\Omega;$或$200\mathrm{k}\Omega$

图 6-2 模拟电路图

注意：图中运算放大器的正相输入端已经对地接了 100kΩ 的电阻，实验中不需要再接。以后的实验中用到的运放也如此。

（5）理想与实际阶跃响应曲线对照：

① 取 $R_0 = 200\mathrm{k}\Omega$；$R_1 = 100\mathrm{k}\Omega$。如图 6-3 所示和图 6-4 所示。

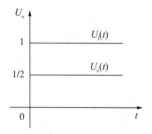
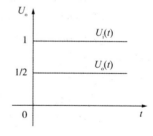

图 6-3 理想阶跃响应曲线   图 6-4 实测阶跃响应曲线

② 取 $R_0 = 200\mathrm{k}\Omega$；$R_1 = 200\mathrm{k}\Omega$。如图 6-5 和图 6-6 所示。

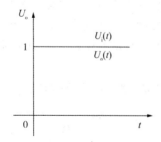
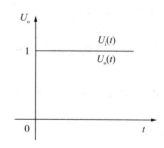

图 6-5 理想阶跃响应曲线   图 6-6 实测阶跃响应曲线

2. 积分环节(I)

(1) 方框图：如图 6-7 所示。

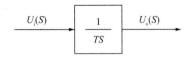

图 6-7 方框图

(2) 传递函数：

$$U_\mathrm{o}(S)/U_\mathrm{i}(S) = \frac{1}{TS} \tag{6-3}$$

(3) 阶跃响应：

$$U_\mathrm{o}(t) = \frac{1}{T}t \quad (t \geqslant 0) \tag{6-4}$$

式中 $T = R_0 C$。

(4) 模拟电路图：如图 6-8 所示。

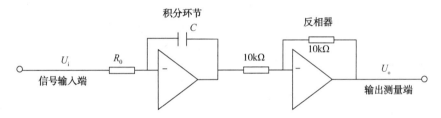

$R_0 = 200\mathrm{k}\Omega; C = 1\mu\mathrm{F}$ 或 $2\mu\mathrm{F}$

图 6-8 模拟电路图

(5) 理想与实际阶跃响应曲线对照：

① 取 $R_0 = 200\mathrm{k}\Omega$；$C = 1\mu\mathrm{F}$。如图 6-9 和图 6-10 所示。

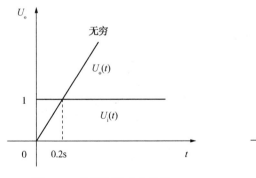

图 6-9 理想阶跃响应曲线

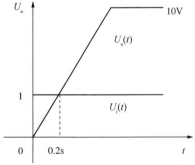

图 6-10 实测阶跃响应曲线

② 取 $R_0 = 200\mathrm{k}\Omega$；$C = 2\mu\mathrm{F}$。如图 6-11 和图 6-12 所示。

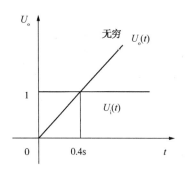

图 6-11　理想阶跃响应曲线

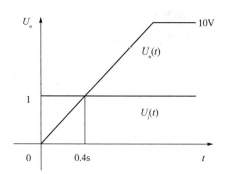

图 6-12　实测阶跃响应曲线

3. 比例积分环节 (PI)

（1）方框图：如图 6-13 所示。

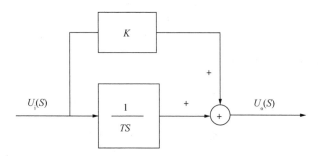

图 6-13　方框图

（2）传递函数：

$$\frac{U_o(S)}{U_i(S)} = K + \frac{1}{TS} \tag{6-5}$$

（3）阶跃响应：

$$U_o(t) = K + t \quad (t \geqslant 0) \tag{6-6}$$

式中：$K = R_1/R_0$；$T = R_0C$。

（4）模拟电路图：如图 6-14 所示。

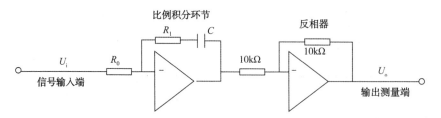

图 6-14　模拟电路图

（5）理想与实际阶跃响应曲线对照：

① 取 $R_0 = R_1 = 200\text{k}\Omega$；$C = 1\mu\text{F}$。如图 6-15 和图 6-16 所示。

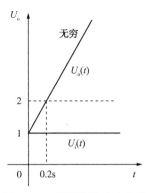

图 6-15　理想阶跃响应曲线

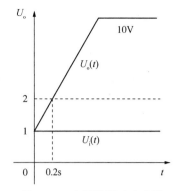

图 6-16　实测阶跃响应曲线

② 取 $R_0 = R_1 = 200\text{k}\Omega$；$C = 2\mu\text{F}$。如图 6-17 和图 6-18 所示。

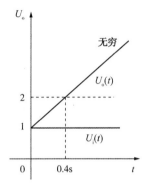

图 6-17　理想阶跃响应曲线

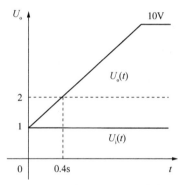

图 6-18　实测阶跃响应曲线

4. 惯性环节(T)

（1）方框图：如图 6-19 所示。

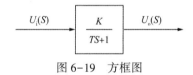

图 6-19　方框图

（2）传递函数：

$$\frac{U_{\text{o}}(S)}{U_{\text{i}}(S)} = \frac{K}{TS+1} \tag{6-7}$$

（3）模拟电路图：如图 6-20 所示。

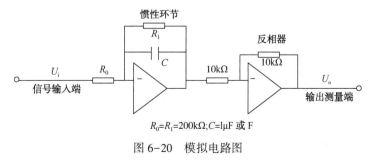

图 6-20　模拟电路图

（4）阶跃响应：

$$U_o(t) = K(1 - e^{-t/T}) \qquad (6-8)$$

式中：$K = R_1/R_0$；$T - R_1 C$。

（5）理想与实际阶跃响应曲线对照：

① 取 $R_0 = R_1 = 200\text{k}\Omega$；$C = 1\mu\text{F}$。如图 6-21 和图 6-22 所示。

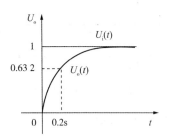

图 6-21　理想阶跃响应曲线　　　　图 6-22　实测阶跃响应曲线

② 取 $R_0 = R_1 = 200\text{k}\Omega$；$C = 2\mu\text{F}$。如图 6-23 和图 6-24 所示。

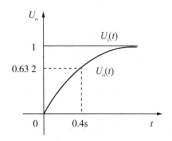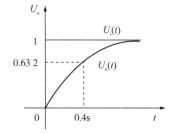

图 6-23　理想阶跃响应曲线　　　　图 6-24　实测阶跃响应曲线

5. 比例微分环节（PD）

（1）方框图：如图 6-25 所示。

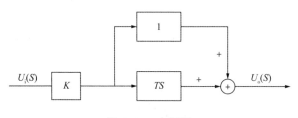

图 6-25　方框图

（2）传递函数：

$$\frac{U_o(S)}{U_i(S)} = K\left(\frac{1+TS}{1+\tau S}\right) \qquad (6-9)$$

（3）阶跃响应：

$$U_o(t) = KT\delta(t) + K \qquad (6-10)$$

式中：$K = (R_1 + R_2)/R_0$；$T = [R_1 R_2/(R_1 + R_2) + R_3] C$；$\tau = R_3 C$；$\delta(t)$ 为单位脉冲函数，这是一个面积为 t 的脉冲函数，脉冲宽度为零，幅值为无穷大，在实际中是得不到的。

（4）模拟电路图：如图 6-26 所示。

比例微分环节

$R_0=R_2=100\text{k}\Omega;R_3=10\text{k}\Omega;C=1\mu\text{F};R_1=100\text{k}\Omega$ 或 200kΩ

图 6-26　模拟电路图

（5）理想与实际阶跃响应曲线对照：

① 取 $R_0 = R_2 = 100\text{k}\Omega$，$R_3 = 10\text{k}\Omega$，$C = 1\mu\text{F}$；$R_1 = 100\text{k}\Omega$。如图 6-27 和图 6-28 所示。

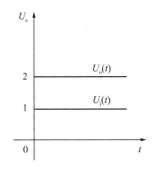

图 6-27　理想阶跃响应曲线　　　　图 6-28　实测阶跃响应曲线

② 取 $R_0 = R_2 = 100\text{k}\Omega$；$R_3 = 10\text{k}\Omega$；$C = 1\mu\text{F}$；$R_1 = 200\text{k}\Omega$。如图 6-29 和图 6-30 所示。

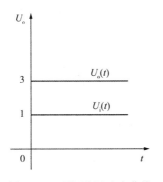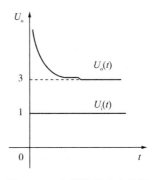

图 6-29　理想阶跃响应曲线　　　　图 6-30　实测阶跃响应曲线

6. 比例积分微分环节（PID）

（1）方框图：如图 6-31 所示。

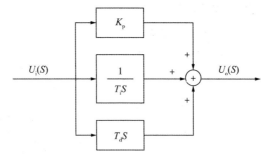

图 6-31　方框图

（2）传递函数：

$$U_o(S)/U_i(S) = K_P + 1/T_iS + T_\Delta S \qquad (6-11)$$

（3）阶跃响应：

$$U_o(t) = T_\Delta \delta(t) + K_P + t_o/T_i \qquad (6-12)$$

式中：$\delta(t)$ 为单位脉冲函数；$K_P = R_1/R_0$；$T_i = R_0C_1$；$T_\Delta = R_1R_2C_2/R_0$。

（4）模拟电路图：如图 6-32 所示。

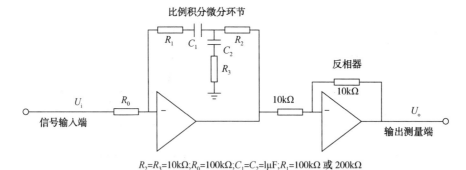

图 6-32　模拟电路图

（5）理想与实际阶跃响应曲线对照：

① 取 $R_2 = R_3 = 10\mathrm{k}\Omega$；$R_0 = 100\mathrm{k}\Omega$，$C_1 = C_2 = 1\mu\mathrm{F}$；$R_1 = 100\mathrm{k}\Omega$。如图 6-33 和图 6-34 所示。

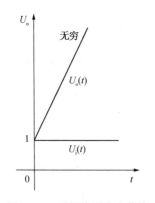

图 6-33　理想阶跃响应曲线

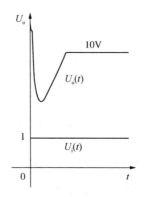

图 6-34　实测阶跃响应曲线

90

② 取 $R_2 = R_3 = 10\text{k}\Omega$；$R_0 = 100\text{k}\Omega$；$C_1 = C_2 = 1\mu\text{F}$；$R_1 = 200\text{k}\Omega$。如图 6-35 和图 6-36 所示。

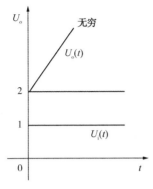

图 6-35　理想阶跃响应曲线　　　图 6-36　实测阶跃响应曲线

6.1.2　实验指导

1. 实验目的

（1）熟悉并掌握 TD-ACC+（或 TD-ACS）设备的使用方法及各典型环节模拟电路的构成方法；

（2）熟悉各种典型环节的理想阶跃响应曲线和实际阶跃响应曲线。对比差异、分析原因；

（3）了解参数变化对典型环节动态特性的影响。

2. 实验设备

PC 机一台，TD-ACS 实验系统一套。

3. 实验步骤

（1）按上节中所列举的比例环节的模拟电路图将线接好。检查无误后开启设备电源。

（2）将信号源单元的"ST"端插针与"S"端插针用"短路块"短接。由于每个运放单元均设置了锁零场效应管，所以运放具有锁零功能。将开关设在"方波"挡，分别调节调幅和调频电位器，使得"OUT"端输出的方波幅值为 1V，周期为 10s 左右。

（3）将步骤（2）中的方波信号加至环节的输入端 U_i，用示波器的"CH1"和"CH2"表笔分别监测模拟电路的输入 U_i 端和输出 U_o 端，观测输出端的实际响应曲线 $U_o(t)$，记录实验波形及结果。

（4）改变几组参数，重新观测结果。

（5）用同样的方法分别搭接积分环节、比例积分环节、比例微分环节、惯性环节和比例积分微分环节的模拟电路图。观测这些环节对阶跃信号的实际响应曲线，分别记录实验波形及结果。

6.2　典型系统的时域响应和稳定性分析

6.2.1　实验原理及内容

（1）结构框图：如图 6-37 所示。

（2）对应的模拟电路图：如图 6-38 所示。

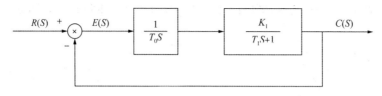

图 6-37 结构框图

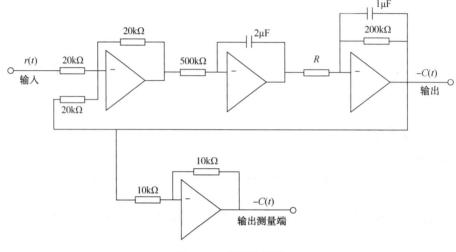

图 6-38 模拟电路图

（3）理论分析：

系统开环传递函数为：

$$G(S) = K_1/[T_0S(T_1S+1)] = (K_1/T_0)/[S(T_1S+1)] \tag{6-13}$$

开环增益为：

$$K = K_1/T_0 \tag{6-14}$$

（4）实验内容：

先算出临界阻尼、欠阻尼、过阻尼时电阻 R 的理论值，再将理论值应用于模拟电路中，观察二阶系统的动态性能及稳定性，应与理论分析基本吻合。在此实验中（图 6-38）：

$$T_0 = 1s, \quad T_1 = 0.2s, \quad K_1 = 200/R \Rightarrow K = 200/R$$

系统闭环传递函数为：

$$W(S) = \frac{\omega_n^2}{S^2 + 2\xi\omega_n + \omega^2} = \frac{K}{S^2 + 5S + K} \tag{6-15}$$

其中自然振荡角频率为：

$$\omega_{rt} = \sqrt{\frac{K}{T_1}} = 10\sqrt{\frac{10}{R}} \tag{6-16}$$

阻尼比为：

$$\xi = \frac{5}{2\omega_n} = \frac{\sqrt{10R}}{40} \tag{6-17}$$

6.2.2 实验指导

1. 实验目的

（1）研究二阶系统的特征参量（ξ、ω_n）对过渡过程的影响；

（2）研究二阶对象的三种阻尼比下的响应曲线及系统的稳定性。

2. 实验设备

PC 机一台，TD-ACC+（或 TD-ACS）教学实验系统一套。

3. 实验步骤

（1）将信号源单元的"ST"端插针与"S"端插针用"短路块"短接。由于每个运放单元均设置了锁零场效应管，所以运放具有锁零功能。将开关设在"方波"挡，分别调节调幅和调频电位器，使得"OUT"端输出的方波幅值为 1V，周期为 10s 左右。

（2）典型二阶系统瞬态性能指标的测试：

① 按模拟电路图 6-38 接线，将 1 中的方波信号接至输入端，取 $R = 10k$。

② 用示波器观察系统响应曲线 $C(t)$，测量并记录超调 M_p、峰值时间 t_p 和调节时间 t_s。

③ 分别按 $R = 50k$、$160k$、$200k$ 改变系统开环增益，观察响应曲线 $C(t)$，测量并记录性能指标 M_p、t_p 和 t_s 及系统的稳定性，并将测量值和计算值进行比较（实验前必须按公式计算出）。将实验结果填入表 6-1 中。

表 6-1　实验结果

参数项目	$R/k\Omega$	K	ω_n	ξ	$C(t_p)$	$C(\infty)$	$M_p/\%$ 理论值	$M_p/\%$ 测量值	t_p/s 理论值	t_p/s 测量值	t_s/s 理论值	t_s/s 测量值	响应情况
$0<\xi<1$ 欠阻尼													
$\xi=1$ 临界阻尼													
$\xi>1$ 过阻尼													

6.2.3 实验数据处理与分析

典型二阶系统瞬态性能指标实验参考测试值见表 6-2。

表 6-2　实验参考值

参数项目	$R/k\Omega$	K	ω_n	ξ	$C(t_p)$	$C(\infty)$	$M_p/\%$ 理论值	$M_p/\%$ 测量值	t_p/s 理论值	t_p/s 测量值	t_s/s 理论值	t_s/s 测量值	响应情况
$0<\xi<1$ 欠阻尼	10	20	10	$\dfrac{1}{4}$	1.4	1	44	43	0.32	0.38	1.6	1.5	衰减振荡
	50	4	$2\sqrt{5}$	$\dfrac{\sqrt{5}}{4}$	1.1	1	11	10	0.85	0.9	1.6	1.7	

参数项目	$R/\mathrm{k\Omega}$	K	ω_n	ξ	$C(t_p)$	$C(\infty)$	$M_p/\%$		t_p/s		t_s/s		响应情况
							理论值	测量值	理论值	测量值	理论值	测量值	
$\xi=1$ 临界阻尼	160	$\dfrac{5}{4}$	2.5	1	无	1	无		无		1.9	2.5	单调指数
$\xi>1$ 过阻尼	200	1	$\sqrt{5}$	$\dfrac{\sqrt{5}}{2}$	无	1	无		无		2.9	3.5	单调指数

表 6-2 中：

$$M_p = e^{-\xi\pi/\sqrt{1-\xi^2}} \tag{6-18}$$

$$t_p = \frac{\pi}{\omega_n\sqrt{1-\xi^2}} \tag{6-19}$$

$$t_s = \frac{4}{\xi\omega_n} \tag{6-20}$$

$$C(t_p) = 1 + e^{-\xi\pi/\sqrt{1-\xi^2}} \tag{6-21}$$

注意：在做实验前一定要进行对象整定，否则将会导致理论值和实际测量值相差较大。

6.3　线性系统的校正

6.3.1　实验原理及内容

所谓校正就是指在系统中加入一些机构或装臵(其参数可以根据需要而调整)，使系统特性发生变化，从而满足系统的各项性能指标。按校正装臵在系统中的连接方式，可分为串联校正、反馈校正和复合控制校正三种。串联校正是在主反馈回路之内采用的校正方式，串联校正装臵串联在前向通路上，一般接在误差检测点之后和放大器之前。本次实验主要介绍串联校正方法。

1. 原系统的结构框图及性能指标

(1)结构框图：如图 6-39 所示。

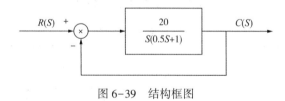

图 6-39　结构框图

(2)对应的模拟电路图：如图 6-40 所示。

(3)理论分析：

由图 6-40 可知系统开环传函(传递函数)为：

$$G(S) = \frac{20}{S(0.5S+1)} \qquad (6-22)$$

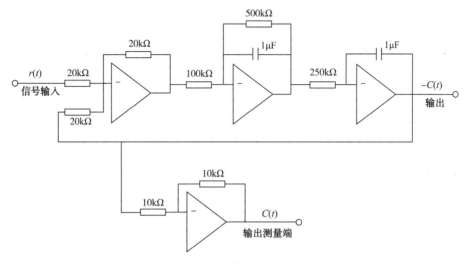

图 6-40 模拟电路图

系统闭环传函为：

$$W(S) = \frac{40}{S^2 + 2S + 40} \qquad (6-23)$$

系统的特征量量：$\omega_n = 6.32$，$\xi = 0.158$。

系统的性能指标：$M_p = 60\%$，$t_S = 4s$，静态误差系数 $K_v = 20s^{-1}$。

2. 期望校正后系统的性能指标

要求采用串联校正的方法，使系统满足下述性能指标：$M_p \leqslant 25\%$，$t_S \leqslant 1s$，静态误差系数 $K_v \geqslant 20s^{-1}$。

3. 串联校正环节的理论推导

由公式

$$M_p = e^{-\xi\pi/\sqrt{1-\xi^2}} \leqslant 25\% \qquad (6-24)$$

$$t_s = \frac{4}{\xi\omega_n} \leqslant 1s \qquad (6-25)$$

得 $\xi \geqslant 0.4$，$\omega_n \geqslant 10$。

设校正后的系统开环传函为：

$$G(S) = \frac{K}{S(TS+1)} \qquad (6-26)$$

由期望值得：

$$e_{ii} = \lim_{i \to 0} SG(S) = \lim_{i \to 0} \frac{K}{TS+1} \geqslant 20 \qquad (6-27)$$

则 $K \geqslant 20$，校正后系统的闭环传函为：

$$W(S) = \frac{20/T}{S^2 + \frac{1}{T}S + \frac{20}{T}} \qquad (6-28)$$

95

$$\omega_n^2 = \frac{20}{T} \qquad (6-29)$$

$$\xi = \frac{1}{2\omega_n T} = \frac{1}{4\sqrt{5T}} \qquad (6-30)$$

取 $\xi = 0.5$，则 $T = 0.05\text{s}$，$\omega_n = 20$，满足 $\omega_n \geqslant 10$，得校正后开环传函为：

$$G(S) = \frac{20}{S(0.05S+1)} \qquad (6-31)$$

因为原系统开环传函为：

$$G(S) = \frac{20}{S(0.5S+1)} \qquad (6-32)$$

且采用串联校正，所以串联校正环节的传函为：

$$G_C = \frac{0.5S+1}{0.05S+1} \qquad (6-33)$$

加校正环节后的系统结构框图如图 6-41 所示。

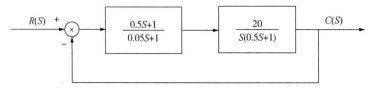

图 6-41　系统结构框图

对应的模拟电路图如图 6-42 所示。

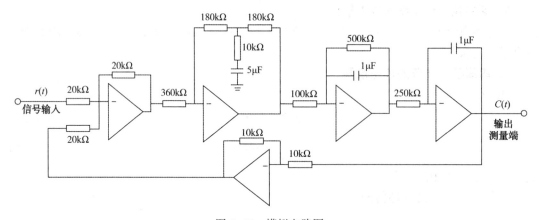

图 6-42　模拟电路图

6.3.2　实验指导

1. 实验目的

（1）掌握系统校正的方法，重点了解串联校正；

（2）根据期望的时域性能指标推导出二阶系统的串联校正环节的传递函数。

2. 实验设备

PC 机一台，TD-ACC+（或 TD-ACS）教学实验系统一套。

3. 实验步骤

（1）将信号源单元的"ST"端插针与"S"端插针用"短路块"短接。由于每个运放单元均设铬了锁零场效应管，所以运放具有锁零功能。将开关设在"方波"挡，分别调节调幅和调频电位器，使得"OUT"端输出的方波幅值为1V，周期为10s左右。

（2）测量原系统的性能指标。

① 按图6-40接线，将1中的方波信号加至输入端。

② 用示波器的"CH1"和"CH2"表笔测量输入端和输出端。计算响应曲线的超调量 M_p 和调节时间 t_s。

（3）测量校正系统的性能指标：

① 按图6-42接线，将1中的方波信号加至输入端。

② 用示波器的"CH1"和"CH2"表笔测量输入端和输出端。计算响应曲线的超调量 M_p 和调节时间 t_s，看是否达到期望值，若未达到，请仔细检查接线（包括阻容值）。

6.3.3 实验数据处理与分析

图6-43列出了未校正和校正后系统的动态性能指标。

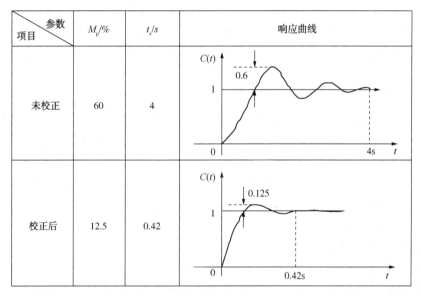

项目 \ 参数	$M_p/\%$	t_s/s	响应曲线
未校正	60	4	
校正后	12.5	0.42	

图6-43 动态性能指标

6.4 线性系统的频率响应分析

6.4.1 实验原理及内容

在经典控制理论中，采用时域分析法研究系统的性能，是一种比较准确和直观的分析法，但是，在应用中也常会遇到一些困难。其一，对于高阶系统，其性能指标不易确定；其二，难于研究参数和结构变化对系统性能的影响。而频率响应法是应用频率特性研究自动控制系统的一种经典方法，它弥补了时域分析法的某些不足，且具有以下特点：

（1）应用奈奎斯特稳定判据，可以根据系统的开环频率特性研究闭环系统的稳定性，且不必解出特征方程的根。

（2）对于二阶系统，频率特性与暂态性能指标之间有确定的对应关系，对于高阶系统，两者也存在近似关系。由于频率特性与系统的参数和结构密切相关，可以用研究频率特性的方法，把系统参数和结构的变化与暂态性能指标联系起来。

（3）频率特性具有明确的物理意义，许多元、部件的特性均可用实验方法来确定，这对于难以从分析其物理规律来列写动态方程的元、部件和系统有很大的实际意义。

（4）频率响应法不仅适用于线性定常系统的分析研究，也可推广到某些非线性控制系统。

（5）当系统在某些频率范围内存在严重的噪声时，使用频率响应法，可以设计出能够较好地抑制这些噪声的系统。

1．实验原理

1）频率特性

当输入正弦信号时，线性系统的稳态响应具有随频率（ω 由 0 变至 ∞）而变化的特性。频率响应法的基本思想是：尽管控制系统的输入信号不是正弦函数，而是其他形式的周期函数或非周期函数，但是，实际上的周期信号都能满足狄利克莱条件，可以用富氏级数展开为各种谐波分量；而非周期信号也可以使用富氏积分表示为连续的频谱函数。因此，根据控制系统对正弦输入信号的响应，可推算出系统在任意周期信号或非周期信号作用下的运动情况。

2）线性系统的频率特性

系统的正弦稳态响应具有和正弦输入信号的幅值比 $|\Phi(j\omega)|$ 和相位差 $\angle\Phi(j\omega)$ 随角频率（ω 由 0 变至 ∞）变化的特性。而幅值比 $|\Phi(j\omega)|$ 和相位差 $\angle\Phi(j\omega)$ 恰好是函数 $\Phi(j\omega)$ 的模和幅角。所以只要把系统的传递函数 $\Phi(s)$，令 $s=j\omega$，即可得到 $\Phi(j\omega)$。我们把 $\Phi(j\omega)$ 称为系统的频率特性或频率传递函数。当 ω 由 0 到 ∞ 变化时，$|\Phi(j\omega)|$ 随频率 ω 的变化特性成为幅频特性，$\angle\Phi(j\omega)$ 随频率 ω 的变化特性称为相频特性。幅频特性和相频特性结合在一起时称为频率特性。

3）频率特性的表达式

（1）对数频率特性：又称波特图，它包括对数幅频和对数相频两条曲线，是频率响应法中广泛使用的一组曲线。这两条曲线连同它们的坐标组成了对数坐标图。

对数频率特性图的优点：

① 把各串联环节幅值的乘除运算化为加减运算，简化了开环频率特性的计算与作图。

② 利用渐近直线来绘制近似的对数幅频特性曲线，而且对数相频特性曲线具有奇对称于转折频率点的性质，这些可使作图大为简化。

③ 通过对数的表达式，可以在一张图上既能绘制出频率特性的中、高频率特性，又能清晰地画出其低频特性。

（2）极坐标图（或称为奈奎斯特图）。

（3）对数幅相图（或称为尼柯尔斯图）：

本次实验中，采用对数频率特性图来进行频域响应的分析研究。实验中提供了两种实验测试方法：直接测量和间接测量。

① 直接频率特性的测量：用来直接测量对象的输出频率特性，适用于时域响应曲线收敛的对象（如惯性环节）。该方法在时域曲线窗口将信号源和被测系统的响应曲线显示出来，直接测量对象输出与信号源的相位差及幅值衰减情况，就可得到对象的频率特性。

② 间接频率特性的测量：用来测量闭环系统的开环特性，因为有些线性系统的开环时域响应曲线发散，幅值不易测量，可将其构成闭环负反馈稳定系统后，通过测量信号源、反馈信号、误差信号的关系，从而推导出对象的开环频率特性。

下面举例说明间接和直接频率特性测量方法的使用。

（1）间接频率特性测量方法。

① 对象为积分环节：$1/0.1S$，由于积分环节的开环时域响应曲线不收敛，稳态幅值无法测出，我们采用间接测量方法，将其构成闭环，根据闭环时的反馈及误差的相互关系，得出积分环节的频率特性。

② 将积分环节构成单位负反馈，模拟电路构成如图6-44所示。

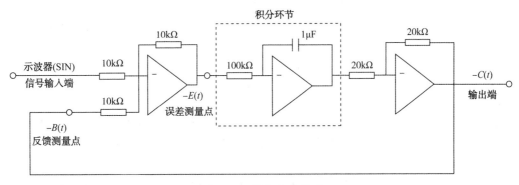

图6-44　模拟电路构成

③ 理论依据：图6-44所示的开环频率特性为：

$$G(jw) = \frac{B(jw)}{E(jw)} = \left| \frac{B(jw)}{E(jw)} \right| \angle \frac{B(jw)}{E(jw)} \qquad (6-34)$$

采用对数幅频特性和相频特性表示，则式（6-34）可表示为：

$$20\lg|G(jw)| = 20\lg\left| \frac{B(jw)}{E(jw)} \right| = 20\lg|B(jw)| - 20\lg|E(jw)| \qquad (6-35)$$

$$\angle G(jw) = \angle \frac{B(jw)}{E(jw)} = \angle B(jw) - \angle E(jw) \qquad (6-36)$$

其中 $G(jw)$ 为积分环节，所以只要将反馈信号、误差信号的幅值及相位按上式计算出来即可得积分环节的波特图。

④ 测量方式：实验中采用间接方式，只需用两路表笔 CH1 和 CH2 来测量图6-44中的反馈测量点和误差测量点，通过移动游标，确定两路信号和输入信号之间的相位和幅值关系，即可间接得出积分环节的波特图。

（2）直接频率特性测量方法。

只要环节的时域响应曲线收敛就不用构成闭环系统而采用直接测量法直接测量输入、输出信号的幅值和相位关系，就可得出环节的频率特性。

① 实验对象：选择一阶惯性。其传函为：

$$G(S) = \frac{1}{0.1S+1} \qquad (6-37)$$

② 结构框图：如图 6-45 所示。

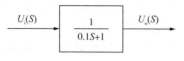

图 6-45 结构框图

③ 模拟电路图：如图 6-46 所示。

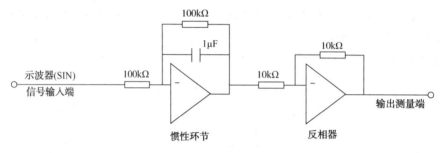

图 6-46 模拟电路图

④ 测量方式：实验中选择直接测量方式，用 CH1 路表笔测输出测量端，通过移动游标，测得输出与信号源的幅值和相位关系，直接得出一阶惯性环节的频率特性。

2. 实验内容

本次实验利用教学实验系统提供的频率特性测试虚拟仪器进行测试，画出对象波特图和极坐标图。

（1）实验对象的结构框图：如图 6-47 所示。

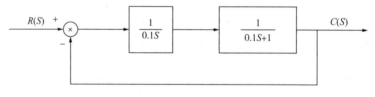

图 6-47 结构框图

（2）模拟电路图：如图 6-48 所示。

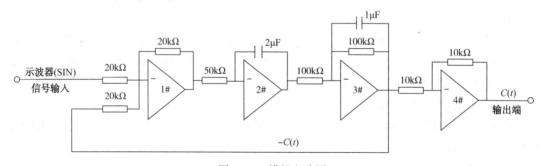

图 6-48 模拟电路图

开环传函为：

$$G(S) = \frac{1}{0.1S(0.1S+1)} \tag{6-38}$$

闭环传函为：

$$\Phi(S) = \frac{1}{0.01S^2+0.1S+1} = \frac{100}{S^2+10S+100} \tag{6-39}$$

得转折频率 $\omega = 10(\mathrm{rad/s})$，阻尼比 $\xi = 0.5$。

6.4.2 实验指导

1. 实验目的

（1）掌握波特图的绘制方法及由波特图来确定系统开环传函；

（2）掌握实验方法测量系统的波特图。

2. 实验设备

PC 机一台，TD-ACC+（或 TD-ACS）教学实验系统一套。

3. 实验步骤

此次实验，采用直接测量方法测量对象的闭环频率特性以及采用间接测量方法测量对象的频率特性。

1）按模拟电路图 6-48 接线

TD-ACC+的接线：将信号源单元的"ST"插针分别与"S"插针和"+5V"插针断开，运放的锁零控制端"SL"此时接至示波器单元的"SL"插针处，锁零端受"SL"来控制。将示波器单元的"SIN"接至图 6-48 中的信号输入端。

TD-ACS 的接线：将信号源单元的"SL"插针分别与"S"插针和"+5V"插针断开，运放的锁零控制端"ST"此时接至控制计算机单元的"DOUT0"插针处，锁零端受"DOUT0"来控制。将数模转换单元的"/CS"接至控制计算机的"/IOY1"，数模转换单元的"OUT1"接至图 6-48 中的信号输入端。

2）直接测量方法（测对象的闭环频率特性）

（1）"CH1"路表笔插至图 6-48 中的 4#运放的输出端。

（2）打开集成软件中的频率特性测量界面，弹出时域窗 ⊞，点击按钮，在弹出的窗口中根据需要设置好几组正弦波信号的角频率和幅值，选择测量方式为"直接"测量，每组参数应选择合适的波形比例系数，具体如图 6-49 所示。

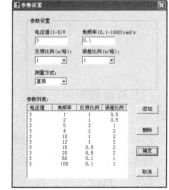

（3）确认设路的各项参数后，点击 ➡ 按钮，发送一组参数，待测试完毕，显示时域波形，此时需要用户自行移动游标，将两路游标同时放置在两路信号的相邻的波峰（波谷）处，或零点处，来确定两路信号的相位移。两路信号的幅值系统将自动读出。重复操作步骤（3），直到所有参数测量完毕。

（4）待所有参数测量完毕后，点击 *B* 按钮，弹出波特图窗口，观察所测得的波特图，图 6-50 由若干点构成，幅频和相频上同一角频率下两个点对应一组参数下的测量结果。

图 6-49 参数设置

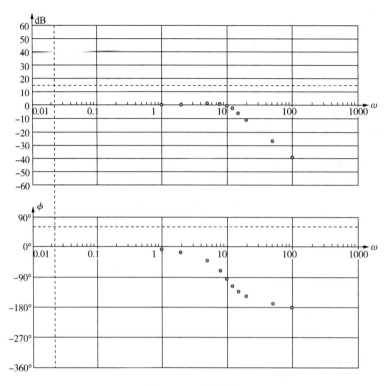

图 6-50　波特图

点击极坐标图按钮 G ，可以得到对象的闭环极坐标，如图 6-51 所示。

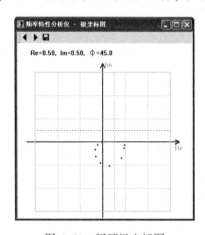

图 6-51　闭环极坐标图

（5）根据所测图形可适当修改正弦波信号的角频率和幅值重新测量，以达到满意的效果。

3）间接测量方法（测对象的开环频率特性）

将示波器的"CH1"接至 3#运放的输出端，"CH2"接至 1#运放的输出端。按直接测量的参数将参数设置好，将测量方式改为"间接"测量。此时相位差是反馈信号和误差信号的相位差，应将两根游标放在反馈和误差信号上。测得对象的开环波特图如图 6-52 所示：

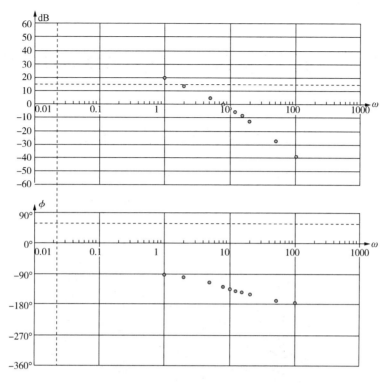

图 6-52　开环波特图

测得对象的开环极坐标图如图 6-53 所示。

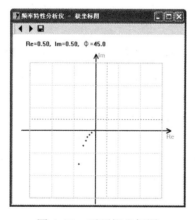

图 6-53　开环极坐标图

4. 注意事项

（1）测量过程中要去除运放本身的反相的作用，即保持两路测量点的相位关系与运放无关，所以在测量过程中可能要适当加入反相器，滤除由运放所导致的相位问题。

（2）测量过程中，可能会由于所测信号幅值衰减太大，信号很难读出，须放大，若放大的比例系数不合适，会导致测量误差较大。所以要适当地调整误差或反馈比例系数。

第7章　过程装备控制技术及应用实验

7.1　过程控制实验台介绍

LPC-3 过程控制实验系统(见图 7-1)可模拟工业生产中过程装备的温度、压力、流量、液位等工艺参数的自动化控制,并且该实验装置的被控对象可实现变化多样的组态实验流程,满足不同控制工程科研与教学的需要。

图 7-1　LPC-3 过程控制实验系统

该实验系统主要由供水系统、被控对象、操作控制台三大部分组成。

1. 供水系统

供水系统带检测点的工艺流程图如图 7-2 所示。主要包括:上位恒压水箱、下位储水池、水泵、变频器、若干阀门、管道及硅扩散型压力变送器等。供水系统可为过程被控对象提供低压和高压供水,供水方式主要有三种:

(1) 高位水箱作水源(关闭 V26、V22、V27,打开 V24、V21),因为高位水箱只有 1m 高,所以为低压供水;

(2) 自来水作水源(关闭 V22,打开 V23),为高压供水且水压波动较大;

(3) 水泵作水源(关闭 V26、V24、V23,打开 V22),为高压供水且水压波动较稳定。供水系统中的变频器可作为执行器改变水泵的供水量及供水压力。

图 7-2 中各部分的使用说明如下:

1) 手动球阀的操作功能(水塔机架上的手动阀)

V21—高位水箱的出口阀;

V22—水泵的出口阀;

V23—自来水的出口阀;

V24—调整水泵的出口压力;

V25—水泵的进口阀;

V26—水池的下排水阀。

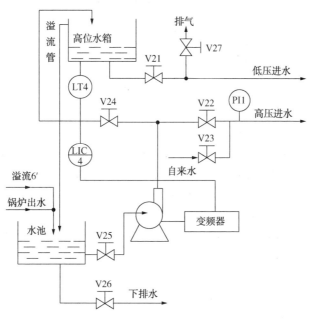

图 7-2　供水系统带控制点的工艺流程图

2）水泵的操作规程

（1）水泵无水空转会烧坏密封橡胶，因此启动水泵前必须先打开 V25；而水池的蓄水量应大于 70%，即当水塔溢流而 1#、2#容器和锅炉有实验用水时，水池仍有 30% 以上余水，使水池的液面高度大于水泵叶轮高度，以便于对水泵灌泵。

（2）水泵启动后，可调节阀 V24 的开度从而调节水泵的供水压力，使 PI-1 压力表指示在 50~100kPa（0.5~1.0kgf/cm^2）范围内变化。

（3）若供水系统机架移动重新安装，应先检查水泵转向是否正确，若错误则将三相进线电源中的两根线对调。

3）交流变频器驱动水泵的操作规程

有两种供电方法来驱动水泵马达运行：①市电 50Hz 的三相电源；②交流变频器。它们可通过水塔控制箱面板上的选择开关来选择。然而，不管选取哪一种方法来运行水泵，其马达都不会立即运转，必须等到"使能"开关变成"ON"或者"使能"端接通"0V"以后，水泵电机方可运行。

水泵电机如果选择市电驱动，则"使能"后，会立刻在其额定转速下运行，而如果选择变频器驱动，则"使能"后，变频器有两种方法来驱动水泵电机的运行：

（1）变频器用作执行机构。

这种运行方式需对变频器加 4~20mA 给定信号，变频器输出 0~50Hz 三相变频电源去控制水泵电机的转速，"使能"开关接通后可使水泵在变频下运转。变频器的 DIP 开关和参数分别设置如下：

① DIP 开关设置：DIP1　　OFF

　　　　　　　　　DIP2　　OFF

　　　　　　　　　DIP3　　ON

②参数设置如下：P006＝1　　给定信号以模拟量形式输入

P007＝0　　使能指令由开关量输入完成

P009＝3　　所有参数可被读写

P012＝0　　电机最小频率

P013＝50　电机最大频率

P021＝0　　最小模拟量频率

P022＝50　最大模拟量频率

P053＝13　给定以4~20mA模拟量单极输入

（2）变频器内含的PID调节器对测量信号进行闭环控制。

这种运行方式需要有一个能测量反馈信号的传感器，例如液位、压力等，从而构成恒液位或恒压力等闭环控制。DIP和参数分别设置如下：

① DIP开关设置：DIP1　　OFF

DIP2　　OFF

DIP3　　ON

DIP4　　OFF

DIP5　　ON

② 参数设置如下：P006＝1　　给定信号以模拟量形式输入

P007＝0　　使能指令由开关量输入完成

P009＝3　　所有参数可被读写

P012＝0　　电机最小频率

P013＝50　电机最大频率

P021＝0　　最小模拟量频率

P022＝50　最大模拟量频率

P023＝1　　给定以4~20mA模拟量单极输入

P201＝001　闭环控制

P202　　　PID调节器增益

P203　　　PID调节器积分增益

P204　　　PID调节器微分增益

P206　　　传感器信号滤波

P207　　　积分范围

P208　　　传感器类型

P211＝0

P212＝100

P205　　　对反馈传感器的采样周期

P323＝2　　测量的反馈信号为4~20mA

2. 被控对象

被控对象带检测点的工艺流程如图7-3所示。主要包括：1#容器、2#容器、锅炉、管道、若干手动阀门、管路快连接器以及装在现场的各种检测元件、气动（电动）执行器，如Pt100热电阻测温元件、电磁流量传感器及电磁流量转换器、硅扩散型压力变送器、杆入式液位传感变送器、新型智能电动执行器(控制阀)、带定位器的气动执行器(控制阀)。

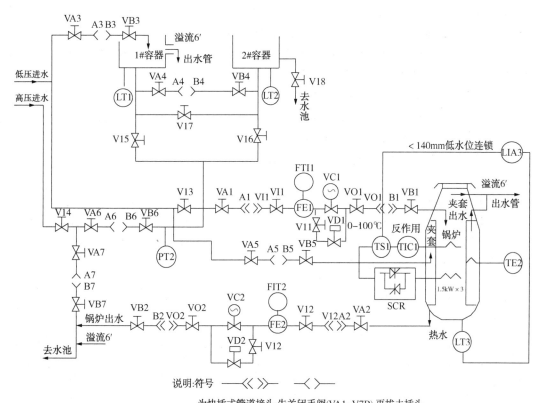

说明:符号 ——《》— —《 》—

为快插式管道接头,先关闭手阀(VA1~V7B),再拔去插头。

图7-3 被控对象工艺流程图

图7-3中过程控制对象的使用说明如下:

1)手动球阀的操作功能(控制对象大机架上的手阀)

V11:改变VC1的旁通扰动流量;

V12:改变VC2的旁通扰动流量;

V13:对水箱水源与高压水源进行分隔;

V14:高压水源(水泵或自来水)的进口阀;

V15:1#容器的出口阀;

V16:2#容器的出口阀;

V17:1#、2#容器之间的连通阀;

V18:2#容器的侧面出口阀。

2)锅炉的操作规程

(1)为了使空锅炉能迅速进水,可关闭锅炉出水阀VA2,用水泵水源向锅炉放水(V14打开,VA6与VB1连接),但此时应注意锅炉液位,防止冲顶溢出。锅炉上部设有溢流孔,能对锅炉出水阀VA2全开时,在液位的调节失控时进行溢流保护,但对于上述手动快速进水仍保护不够。

(2)测锅炉水温的铂电阻温度计,其 $\tau_{0.5}=15s$;测夹套水温的铂电阻温度计,其 $\tau_{0.5}=5s$。若为了增加实验难度而要增加广义对象的容量滞后时间 τ,可在铂电阻温度计的

30mm 头部包上塑胶带。

据定义，$\tau_{0.5}$ 是指被测温度阶跃扰动后，铂电阻温度计测到该阶跃温度 50% 这点所需的时间，是滞后时间 τ 和部分时间常数 T 的混合。

（3）做温度实验时，改变锅炉的液位高度，或改变进、出水流量值，或改变夹套水流量，都会改变广义对象的时间常数 T 和放大系数 K。

（4）做温度实验时，一定要有低水位的连锁保护，当锅炉水位低于 TE-1 铂电阻和上层电热管的高度（一般设定为 140mm）时，报警仪表（或用户工控装置）的报警点（D03）接通，使电加热用晶闸管 SCR 的给定值为零。

（5）为了保护锅炉液位变送器和防止热水烫伤，温度实验的上限一般在 81℃ 以下。

3. 操作控制台

操作控制台仪表盘面如图 7-4 所示，主要有供电电源按钮，内给定、外给定仪表实验模块，温度变送器和温度调节模块，加减运算器、信号联锁保护报警、纯滞后实验模块，人工智能调节器（适合温度、液位、流量、压力、湿度等的自动控制）、计算机数据采集系统以及各种信号输入、输出接线端子等。

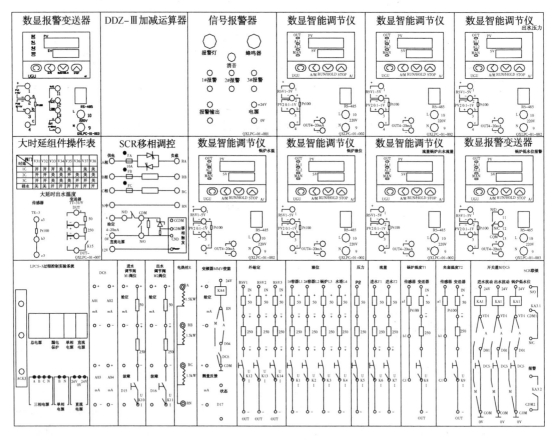

图 7-4　操作控制台

1）AI 全通用人工智能调节器的操作说明（适合温度、压力、流量、液位、湿度等的精确控制）

（1）面板说明及显示状态

人工智能调节器的面板说明及显示状态分别如图 7-5 和图 7-6 所示。

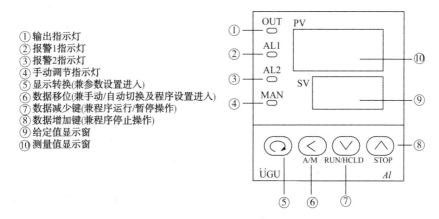

① 输出指示灯
② 报警1指示灯
③ 报警2指示灯
④ 手动调节指示灯
⑤ 显示转换(兼参数设置进入)
⑥ 数据移位(兼手动/自动切换及程序设置进入)
⑦ 数据减少键(兼程序运行/暂停操作)
⑧ 数据增加键(兼程序停止操作)
⑨ 给定值显示窗
⑩ 测量值显示窗

图 7-5　人工智能调节器的面板示意图

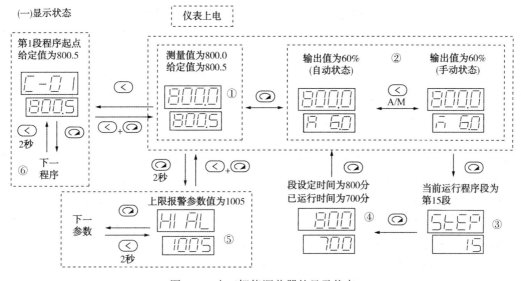

图 7-6　人工智能调节器的显示状态

（2）面板的基本使用操作

① 显示切换：按 Ⓞ 键可切换不同的显示状态。AI-808 可在图 7-5 中的①、②两种状态下切换，AI-808P 可在图 7-5 中的①、②、③、④等四种状态下切换。

② 修改数据：将仪表切换到图 7-6 中的显示状态①下，即可按 Ⓞ、Ⓥ 或 Ⓐ 键来修改给定值。按 Ⓥ 键减小数据，按 Ⓐ 键增加数据，按 Ⓞ 键可移动修改数据的位置。

③ 手动/自动切换：在图 7-6 中的显示状态①下，按 A/M 键(即 Ⓞ 键)，可使仪表在自动及手动两种状态下进行无扰动切换。在显示状态②且仪表处于手动状态下，直接按 Ⓥ 键或 Ⓐ 键可增加或减少手动输出值。通过对 run 参数的设置，也可使仪表不允许由面板按键操作来切换至手动状态，以防止误入手动状态。

109

④ 设置参数：在显示状态①或②下，按 ⊙ 键并保持 2s，即可进入参数设置状态。在参数设置状态下按 ⊙ 键，仪表将依次显示各参数，并可用 ＜ 、 ∨ 、 ∧ 等键来修改参数值。按 ＜ 键并保持不放，叮返回显示上一参数值。先按 ＜ 键不放再按 ⊙ 键可退回设置参数状态。如果没有按键操作，约 30s 后会自动退出设置参数状态。

（3）参数功能说明

① L：上限报警。设置范围为：-1999～+9999。

② oAL：下限报警。设置范围为：-1999～+9999。

③ HAL：正偏差报警。设置范围为：0～999.9℃或0～9999 定义单位。

④ LAL：负偏差报警。设置范围为：0～999.9℃或0～9999 定义单位。

⑤ F：回差(死区、滞环)。设置范围为：0～200.0℃或0～2000 定义单位。

⑥ CtrL：控制方式。设置范围为：0～5。

当 CtrL=0 时，采用位式调节(ON-OFF)，只适合要求不高的场合进行控制时采用。

当 CtrL=1 时，采用 AI 人工智能调节/PID 节，在该设置下，允许从面板启动执行自整定功能。

当 CtrL=2 时，启动自整定参数功能，自整定结束后会自动设置为 3 或 4。

当 CtrL=3 时，采用 AI 人工智能调节，自整定结束后，仪表自动进入该设置。该设置下不允许从面板启动自整定参数功能，以防止误操作重复启动自整定。

当 CtrL=4 时，该方式下与 CtrL=3 时基本相同，但其 P 参数定义为原来的 10 倍，即在 CtrL=3 时，P=5，则 CtrL=5 时设置 P=50 时二者有相同的控制结果。在对极快速变化的温度(每秒变化 200℃以上)或快速变化的压力、流量进行控制，还有变频调速器控制水压等场合，在 CtrL=1、3 时，其 P 值都很小，有时甚至要小于 1 才满足控制需要，此时如果设置 CtrL=4，则可将 P 参数放大 10 倍，获得更精细的控制。

当 CtrL=5 时(仅适用 AI-808)，仪表将测量值直接作为输出值输出，可作为手动操作器或伺服放大器使用，如计算机控制系统中的后备手操器，使用方法详见后文说明。

⑦ 5：保持参数。设置范围为：0～9999℃或1 定义单位。

⑧ P：速率参数(比例度)。设置范围为：1～9999。

⑨ t：滞后时间(积分时间)。设置范围为：0～2000s。

⑩ CtI：输出周期(微分时间)。设置范围为：0～125s。

⑪ Sn：输入规格。设置范围为：0～37，如表 7-1 所示。

表 7-1　Sn 输入规格

Sn	输入规格	Sn	输入规格
0	K	1	S
2	R	3	T
4	E	5	J
6	B	7	N
8～9	备用	10	用户指定的扩充输入规格
11～19	备用	20	Cu50
21	Pt100	22～25	备用

Sn	输入规格	Sn	输入规格
26	0~80Ω 电阻输入	27	0~400Ω 电阻输入
28	0~20mV 电压输入	29	0~100mV 电压输入
30	0~60mV 电压输入	31	0~1V(0~500mV)
32	0.2~1V(100~500mV)	33	1~5V 电压输入
34	0~5V 电压输入	35	−20~+20mV(0~10V)
36	−100~+100mV(2~10V)	37	−5~+5V(0~50V)

Sn=10 时,采用外部分度号扩展。用户如需要以上输入规格外的其他分度号,如使用 WRe325、WRe526、WRe520、BA1、BA2、G、F2、开方 0~5V、1~5V 等规格输入,需特殊定货并将 Sn 设置为 10。

⑫ dIP:小数点位置。设置范围为:0~3。

⑬ dIL:输入下限显示值。设置范围为:−1999~+9999℃或 1 定义单位。

⑭ dIH:输入上限显示。设置范围为:−1999~+9999℃或 1 定义单位。

⑮ Sc:输入平移修正。设置范围为−199~+40000.1℃或 1 定义单位。

⑯ oP1:输出方式。设置范围为:0~11。

⑰ oPL:输出下限。设置范围为:0~110%。

⑱ oPH:输出上限。设置范围为:0~110%。

⑲ ALP:报警输出定义。设置范围为:0~63。

⑳ CF:系统功能选择。设置范围为:0~127。

㉑ Addr:通信地址。当仪表辅助功能模块用于通信时(安装 RS485 通信接口,参见 CF 参数设置),Addr 参数用于定义仪表通信地址,有效范围为 0~100。

㉒ Baud:通信波特率。范围是 300~19200bit/s(19.2K)。

㉓ DL:输入数字滤波。设置范围为:0~20。

AI 仪表内部具有一个取中间值滤波和一个一阶积分数字滤波系统,取值滤波为 3 个连续值取中间值,积分滤波和电子线路中的阻容积分滤波效果相当。当因输入干扰而导致数字出现跳动时,可采用数字滤波将其平滑。dL 设置范围是 0~20,0 没有任何滤波,1 只有取中间值滤波,2~20 同时有取中间值滤波和积分滤波。dL 越大,测量值越稳定,但响应也越慢。一般在测量受到较大干扰时,可逐步增大 dL 值,调整使测量值瞬间跳动小于 2~5 个字。在实验室对仪表进行计量检定时,则应将 dL 设置为 0 或 1 以提高响应速度。

㉔ run:运行状态及上电信号处理。对 AI-808 型仪表,run 参数定义自动/手动工作状态。run=0,手动调节状态。run=1,自动调节状态。run=2,自动调节状态,并且禁止手动操作。不需要手动功能时,该功能可防止因误操作而进入手动状态。通过 RS485 通信接口控制仪表操作时,可通过修改 run 参数的方式用计算机(上位机)实现仪表的手动/自动切换操作。

㉕ Loc:参数修改级别。设置范围为:0~9999。

AI 仪表 Loc 设置为 808 以外的数值时,仪表只允许显示及设置 0~8 个现场参数(由 EP1-EP8 定义)及 Loc 参数本身。当 Loc=808 时,才能设置全部参数。Loc 参数提供多种不同的参数操作权限。当用户技术人员配置完仪表的输入、输出等重要参数后，可设置 Loc 为 808 以外的数，以避免现场操作工人无意修改了某些重要操作参数。对于 AI-708/808 型仪表：

Loc=0，允许修改现场参数、给定值。

Loc=1，可显示查看现场参数，不允许修改，但允许设置给定值。

Loc=2，可显示查看现场参数，不允许修改，也不允许设置给定值。

Loc=808，可设置全部参数及给定值。

㉖ EP1-EP8：现场参数定义。EP 参数设置范围为：nonE-run。

2）计算机开放式组态实验平台简介

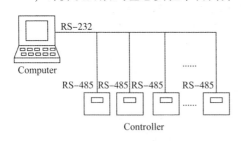

图 7-7　智能调节仪表与计算机
之间的通信示意图

LPC-3 过程控制实验系统的数据采集与控制均可由组态王开发的计算机开放式组态实验平台来完成。它是利用控制面板上的 AI 全通用人工智能调节仪的 RS-485 通信接口通过 RS-232 串行通信电缆连接到组态王计算机的串口，建立组态王与 AI 智能调节仪之间的通信，其原理方框图如图 7-7 所示。

利用组态软件的组态技术，在计算机中模拟出不同类型的控制工程实验画面，学生进行实验的时候，可根据实验的内容，方便地通过直接点击相关按钮，进入所要做的实验流程，并且在实验流程画面中，可方便地对控制器的给定值、控制器的 PID 参数进行修改和调节；其次，在实验流程画面中有被控参数的实时趋势曲线，在对控制器的 PID 参数进行工程整定的时候，实时过渡趋势曲线可为我们的工程整定提供依据，历史趋势曲线可帮助记录所做实验的结果。

开放式组态实验平台的使用方法及步骤为：

第一步：双击 WINDOWS 桌面上"组态王 6.1"的小图标，进入组态王工程管理器；

第二步：当出现"组态王工程管理器"画面时，如图 7-8 所示，即可进入组态王工程管理器界面，再双击工程名称为"学生开放式实验"，即可进入组态王工程浏览器——学生开放式实验平台，如图 7-9 所示。

图 7-8　组态王工程管理器界面

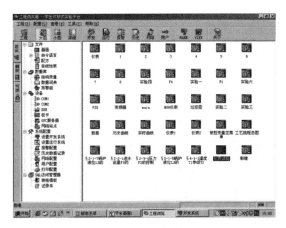

图 7-9 学生开放平台界面

第三步：在"工程浏览器——学生开放式实验平台"画面中，双击工具栏中的"VIEW"按钮，出现开放式实验平台引导画面，如图 7-10 所示，即可进入组态王运行状态，再点击"进入实验主菜单"，即可出现以下"被控变量主菜单"实验主画面，如图 7-11 所示。

图 7-10 组态王运行界面

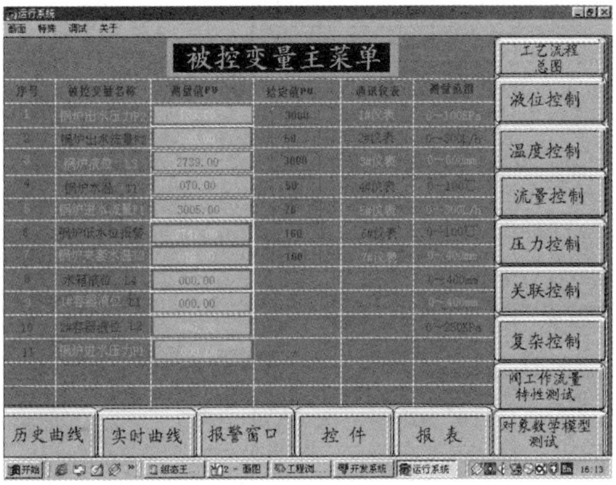

图 7-11 被控变量主菜单界面

第四步：在以上"被控变量主菜单"画面中，选择要做实验的按钮，即可进入所做实验流程的画面。例如：点击"液位控制"按钮，即可出现所做液位控制实验流程画面，如图 7-12 所示。

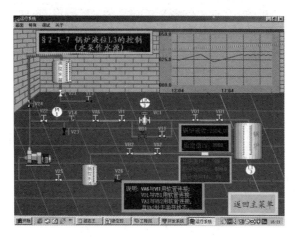

图 7-12　液位控制流程界面

在实验流程画面中，有被控对象组态流程快插式管路接头连接方法提示、被控变量实时趋势曲线、被控变量的实时读数窗口，还有被控变量的给定值的修改窗口以及控制器的 PID 参数的调节窗口，如果实时过渡趋势曲线不是 4:1 的衰减过渡曲线，则需重新调节控制器的 PID 参数，经过反复整定，当出现 4:1 的衰减过渡曲线时，则可认为此时的 PID 参数是合适的。如果要做其他类型的实验，点击"返回主菜单"按钮，即可进入其他实验流程画面和观看历史趋势曲线。

实验过程中，要求能看懂带控制点的工艺流程图，过程检测和控制流程图上的图形符号和文字代号如图 7-13 所示。

字母	第一位字母		后继字母
	被测变量	修饰词	功能
A	分析		报警
C	电导率		控制、调节
D	密度、比重	差(压)	
E	电压		检测元件
F	流量	比(值)	
H	手动		
I	电流		指示
J	功率	巡检	
L	物位		灯
M	湿度		
P	压力、真空		试验点
Q	数量	积分	积算
R	放射性		记录
S	速度、频率	安全	开关、联锁
T	温度		变送
U	多变量		多功能
V	黏度		阀
W	重量、力		套管
Y			伺放、电-气、继动器

1.常用检测元件的图形符号
　热电偶
　热电阻
　嵌在管道中的检测元件
　孔板
　取压接头

2.仪表的图形符号
○　就地安装
⊖　盘面安装
⊙　盘后安装

3.执行机构的图形符号
　电动调节阀
　气动调节阀
　带电-气阀门定位器的气动阀
　电磁阀
　电磁阀点动接通

4.手动球阀符号
　全开
　开启一部分
　全关

图 7-13　过程检测和控制流程图用图形符号和文字代号

7.2 被控对象数学模型测试

7.2.1 实验原理

在生产过程中，存在各种各样的被控对象。这些对象的特性各不相同。有的较易操作，工艺变量能够控制得比较平稳；有的却很难操作，工艺变量容易产生大幅度波动，只要稍不谨慎就会超出工艺允许的范围，轻则影响生产，重则造成事故。只有充分了解和熟悉对象特性，才能使工艺生产在最佳状态下运行。

因此，在控制系统设计时，首先必须充分了解被控对象的特性，掌握它们的内在规律，才能选择合适的被控变量、操纵变量、合适的测量元件和控制器，选择合理的控制器参数，设计合乎工艺要求的控制系统。

描述被控对象特性的方法有理论数学模型法和实验输出曲线或数据表格法：

理论数学模型法是指用定量地表达对象输入、输出关系的数学表达式（微分方程式、偏微分方程式、状态方程等）来表达的方法。

实验输出曲线或数据表格法是指用对象在一定形式输入作用下的输出曲线或数据表格来表达的方法。根据输入形式的不同，有阶跃反应曲线、脉冲反应曲线、矩形脉冲反应曲线等。

1. 被控对象特性的描述方法

1）机理建模

是通过对对象内部的运动机理分析，根据对象中物理或化学变化规律（如质量守恒定律、能量守恒定律等），在忽略一些次要因素或做出一些近似处理后推导出的对象特性方程。通过这种方法得到的数学模型称为机理模型。机理模型常表现为微分方程式、偏微分方程式、状态方程等。

2）实验测取法

是在所要研究的对象上，人为施加一定的输入作用，然后用仪表测取并记录表征对象特性的物理量随时间变化的规律，即得到一系列实验数据或实验曲线，然后对这些实验数据或曲线进行必要的数据处理，求取对象的特性参数，进而得到对象的数学模型。

（1）阶跃反应曲线法　当对象处于稳定状态时，在对象的输入端施加一个幅值已知的阶跃扰动，然后测量和记录输出变量的数值，就可以画出输出变量随时间变化的曲线，如图 7-14 所示。经过一定的处理，就可以得到描述对象特性的几个参数（放大倍数 K、时间常数 T、滞后时间 τ）。阶跃反应曲线法测被控对象特性的优点是简单，缺点是精度较差。

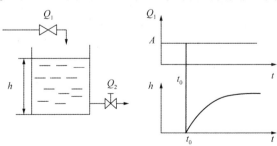

图 7-14　阶跃反应曲线

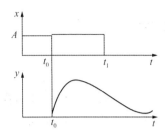

图 7-15　矩形脉冲反应曲线

（2）矩形脉冲反应曲线法　当对象处于稳定状态时，在时间 t_0 突然加一个幅值为 A 的阶跃扰动，到时间 t_1 时突然除去，这时测得输出变量随时间变化的曲线称为矩形脉冲反应曲线，如图 7-15 所示。矩形脉冲反应曲线法由于加在对象上的干扰经过一段时间后除去，所以干扰的幅值可以取得较大，精度较高，较常用。

2. 被控对象的特性参数

被控对象的特性是指被控对象输入变量与输出变量之间的关系，即被控对象的输入量发生变化时，对象的输出量随时间的变化规律。描述对象特性参数的三大特征参数是放大系数 K、时间常数 T、滞后时间 τ。

1）放大系数 K

放大系数 K 也叫静态增益，数值上等于对象处于稳定状态时输出的变化量与输入的变化量之比。即：

$$K = \frac{\text{输出变化量}}{\text{输入变化量}} \tag{7-1}$$

放大系数反映的是对象处于稳定状态下输出和输入之间的关系，所以放大系数 K 是描述对象静态特性的参数。

不同通道的放大系数对控制系统的影响如下：

控制通道：K 大，控制作用强，控制灵敏；K 小，控制作用弱。一般希望控制通道 K 大一些好，但 K 不能太大，否则会使系统的稳定性下降。

干扰通道：K 大对控制不利。希望干扰通道 K 小好。

2）时间常数 T

时间常数 T 当对象受到阶跃输入作用后，被控变量如果保持初始速度变化，达到新的稳态值所需的时间，或当对象受到阶跃输入作用后被控变量达到新的稳态值的 63.2% 所需的时间，如图 7-16 所示。

时间常数 T 是反映被控对象受到输入作用后，输出变量（被控变量）达到新稳定值的快慢，它确定整个动态过程的长短，由于它是反映被控变量变化快慢的参数，所以 T 是反映对象动态特性的参数。

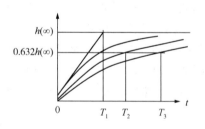

图 7-16　不同时间常数的比较

不同通道的时间常数对控制系统的影响如下：

控制通道：T 大，被控变量的变化比较缓慢，对象比较平稳，容易进行控制，但过渡时间长；T 小，被控变量的变化快，不易控制。T 太大、太小都不利。

干扰通道：T 大、扰动作用比较平缓，被控变量变化较平稳，对象容易控制。一般希望干扰通道 T 大一些好。

3）滞后时间 τ

传递时间 τ_0：是输出变量的变化落后于输入变量变化的时间。一般由介质的输送或热的传递需要一段时间引起的，例如图 7-17 的溶解槽。

116

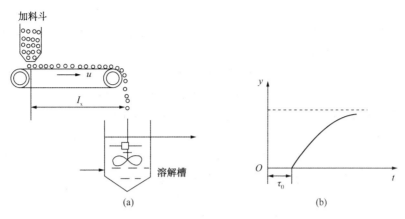

图 7-17 溶解槽及其阶跃响应曲线

容量滞后 τ_C：是由于物料或能量的传递需要通过一定的阻力引起的。例如图 7-18 具有容量滞后对象的反应曲线。

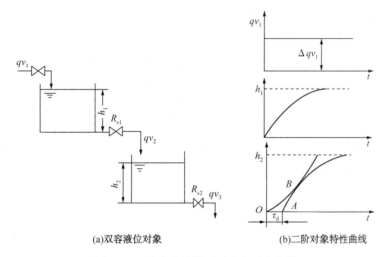

(a)双容液位对象   (b)二阶对象特性曲线

图 7-18　具有容量滞后对象的反应曲线

不同通道的滞后时间 $\tau(\tau=\tau_0+\tau_C)$ 对控制系统的影响如下：

对于控制通道：应尽量减小 τ。

对于干扰通道：τ 大对控制有利。

7.2.2　实验指导

1. 实验目的

（1）了解测取对象动态特性的必要性和意义；

（2）熟悉对象动态特性的数学模型的建立；

（3）掌握对象动态特性的实验测取方法：阶跃法、矩形法；

（4）掌握用阶跃法求取对象反应曲线的方法，学会由对象反应曲线求取对象的特性参数——放大系数 K 及时间常数 T。

2. 实验步骤与要求

（1）建立描述锅炉动态特性的一阶液位数学模型的微分表达式，即锅炉液位 h 与锅炉进水流量 Q_1 之间的数学微分方程式。

（2）熟悉锅炉的一阶液位数学模型的测试流程图，如图 7-19 所示。实验时要求自己动手用软管连通管路，并调节管路上手动阀的开启程度，使流程畅通。

（3）自己动手接通控制台上的接线端子，注意信号的走向。

（4）调节锅炉的进水阀和出水阀，使进水流量 Q_1 等于出水流量 Q_2，让锅炉的液位 h 保持不变，系统处于静态平衡。任何一个液位静态平衡都行，记下平衡时的液位数值。

（5）当系统处于静态平衡后，再调节进水阀，记下此时的进水流量 Q'_1，观察计算机数据采集系统记录下的锅炉液位随时间的变化反应曲线。

（6）根据记录下的锅炉液位反应曲线，求出放大倍数 $K(K = \Delta h / \Delta Q)$ 及时间常数 T（从一个平衡状态到另一个新的平衡状态所花的时间）。

（7）将放大倍数 K 及时间常数 T 代入描述锅炉一阶液位数学模型的微分表达式中，就可得出锅炉的一阶液位的数学模型。

注意：电源开关一定要经指导教师检查接线正确无误后才能打开。

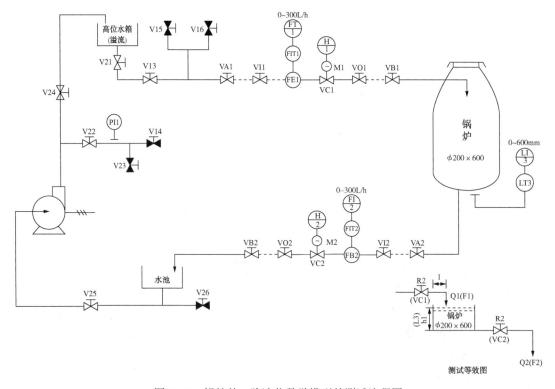

图 7-19　锅炉的一阶液位数学模型的测试流程图

3. 连线和控制器参数设置说明

（1）被控对象为锅炉。

（2）进水流量和出水流量分别连成两个简单的控制系统。

（3）流量调节器和出水流量调节器采用人工控制，控制器内部参数设置为：

① CtrL = 5（人工控制方式），其他参数设置不变；

② 控制器面板上有 1~5V 和 0.2~1V 两挡输入，选任何一挡都行，但控制器里面的参数 Sn 的设定必须一致；选 1~5V 挡时，Sn 设为 33；选 0.2~1V 挡时，Sn 设为 32。

（4）进水流量调节器和出水流量调节器的开度给定值由面板人工给定。注意：要在手动符号出现状态下，通过按向上、向下箭头增加、减少数据，给定值有时会不停闪烁，按一下 STOP 即可。

（5）液位调节器只作显示仪表用。

（6）注意：刚开始的平衡位置液位为 20~30mm，太高的话，有可能使达到新的平衡位置时的液位超过 600mm，同时，进水流量扰动不要加得太大（一般不要超过 12%），否则液位达到新的平衡位置时也会超过 600mm，而使实验不准确。

（7）T = 35~60min，K = 2~10，τ = 0min（与工艺流程与系统阻力特性有关）。

7.2.3　实验数据处理与分析

实验数据记录在表 7-2 中。

表 7-2　被控对象数学模型测试数据记录表

时间/时刻	进水流量控制器		出水流量控制器		进水流量变送器	出水流量变送器	液位调节器	
	测量值 PV	给定阈值 SV	测量值 PV	给定阈值 SV	显示值/%	显示值/%	测量值 PV	
							扰动前	扰动后
结果分析	放大倍数 K =			时间常数 T =			滞后时间 τ =	

数据处理要求如下：

（1）根据记录的数据和反应曲线，求锅炉对象的三大特征参数：

放大倍数：$K = \Delta H / \Delta F_1 = \Delta H / A$。

时间常数：$T=0.632H(\infty)$ 对应的时间。

滞后时间：τ 根据记录的曲线求。

（2）对实验数据进行误差分析。

7.3 简单控制系统实验

7.3.1 控制器参数工程整定

所谓简单控制系统，通常是指由一个测量元件（或变送器）、一个控制器、一个控制阀和一个对象所构成的单闭环控制系统，因此也称为单回路控制系统。简单控制系统的结构比较简单，所需的自动化装置数量少，投资低，操作维护也比较方便，而且在一般情况下，都能满足控制质量的要求。因此，这种控制系统在工业生产过程中得到了广泛的应用。

当一个控制系统的控制方案、对象的特性、控制规律都确定后，其控制质量的好坏主要取决于控制器参数的整定。所谓控制器参数的整定，就是已定控制方案，求取使控制质量最好的控制器参数。具体来说，就是确定最合适的控制器比例度 δ、积分时间 T_I、微分时间 T_D。一般工艺上都希望得到 4：1 或 10：1 的振荡衰减过渡过程。

控制器参数整定的方法有很多，主要有两大类：一类是理论计算的方法，另一类是工程整定法。其中，理论计算法非常烦琐，而且与工程实践也有出入。

下面介绍几种常用的工程整定法。

1. 临界比例度法

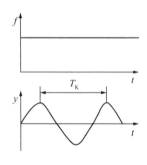

图 7-20 临界振荡过程

该方法目前使用较多，它是先通过试验得到临界比例度 δ_K 和临界周期 T_K，然后根据经验总结出来的关系求出控制器各参数值。具体做法如下：

在闭环的控制系统中，先将控制器变为纯比例作用，即将积分时间 T_I 放在"∞"位置上，T_D 放在"0"位置上，在干扰作用下，从大到小地逐渐改变控制器的比例度，直至系统产生等幅振荡（即临界振荡），如图 7-20 所示。这时的比例度称为临界比例度 δ_K，周期为临界振荡周期 T_K。记下 δ_K 和 T_K，然后按表 7-3 中的经验公式计算出控制器的各参数整定数值。

表 7-3 临界比例度法参数计算公式表

控制作用	比例度/%	积分时间 T_I/min	微分时间 T_D/min
比例	$2\delta_K$		
比例+积分	$2.2\delta_K$	$0.85T_K$	
比例+微分	$1.8\delta_K$		$0.1T_K$
比例+积分+微分	$1.7\delta_K$	$0.5T_K$	$0.125T_K$

该方法比较简单方便，易掌握和判断，适用于一般的控制系统，但对于临界比例度很小的系统不适用。因为临界比例度很小，则控制器输出的变化一定很大，被调参数容易超

出允许范围，影响生产的正常进行。当然该方法对于工艺上不允许产生等幅振荡的系统亦不适用。

2. 衰减曲线法

该方法是通过使系统产生衰减振荡来整定控制器的参数值的，具体做法如下：

在闭环的控制系统中，先将控制器变为纯比例作用，并将比例度预置在较大的数值上。在达到稳定后，用改变给定值的办法加入阶跃干扰，观察被控变量记录曲线的衰减比，然后从大到小改变比例度，直至出现 4：1 或 10：1 衰减比为止，如图 7-21 所示，记下此时的比例度，即衰减比例度 δ_S，从曲线上得到衰减周期 T_S 或上升时间 $T_升$。然后根据表 7-4 或表 7-5 的经验公式，求出控制器的参数整定值。

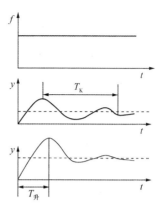

图 7-21　4：1 和 10：1 的衰减振荡过程

该方法比较简便，但对于干扰频繁、记录曲线不规则、不断有小摆动的情况不适用。因为不易得到准确的衰减比例度和衰减周期。

表 7-4　4：1 衰减曲线法控制器参数计算表

控制作用	$\delta/\%$	T_I/min	T_D/min
比例	δ_S		
比例+积分	$1.2\delta_S$	$0.5T_S$	
比例+积分+微分	$0.8\delta_S$	$0.3T_S$	$0.1T_S$

表 7-5　10：1 衰减曲线法控制器参数计算表

控制作用	$\delta/\%$	T_I/min	T_D/min
比例	δ_S		
比例+积分	$1.2\delta_S$	$2T_升$	
比例+积分+微分	$0.8\delta_S$	$1.2T_升$	$0.4T_升$

3. 经验凑试法

该方法是在长期的生产实践中总结出来的一种整定方法。它是根据经验先将控制器参数放在一个数值上，直接在闭环系统中，通过改变给定值施加干扰，在记录仪上观察过渡过程曲线，运用 δ、T_I、T_D 对过渡过程的影响规律为指导，如图 7-22、图 7-23、图 7-24 所示。一般来说，在整定中，观察到曲线振荡频繁时，须把比例度增大以减小振荡；当曲线最大偏差大且趋于非周期过程时，须把比例度调小。当曲线波动较大时，应增大积分时间；而在曲线偏离给定值且长时间回不来时，则须减小积分时间，以加快消除余差的过程。如果曲线振荡得厉害，须把微分时间减到最小，或者暂不加微分作用，以免更加剧烈振荡；当曲线最大偏差大而衰减缓慢时，须增加微分时间，再按照一定的顺序，对比例度 δ、积分时间 T_I 和微分时间 T_D 逐个整定，直到获得满意的过渡过程为止。

一般情况下，比例度过小、积分时间过小、微分时间过大都会引起过渡曲线剧烈振荡，那该如何判断呢？我们可按图 7-25 所示的三种振荡曲线的比较图进行判断。

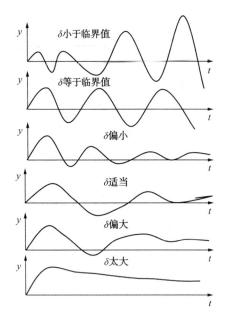

图 7-22 比例度对过渡过程的影响

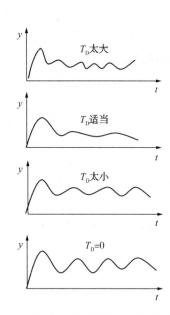

图 7-23 微分时间对系统过渡过程的影响

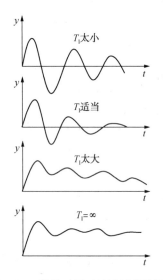

图 7-24 积分时间对过渡过程的影响

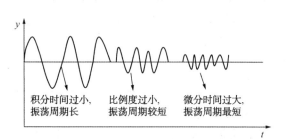

图 7-25 三种振荡曲线比较图

另外，比例度过大或积分时间过大都会使过渡过程变化缓慢，那又该如何判断呢？我们可按图7-26所示的两种曲线的比较图进行判断。

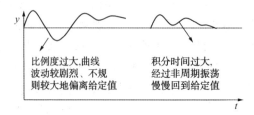

图 7-26 比例度过大、积分时间过大时两种曲线比较图

经验法中，各类控制系统中控制器参数的经验数据如表7-6所示，供整定时参考选择。

表7-6中给出的只是一个大体范围，有时变动较大。如流量控制系统的δ值有时需在200%以上；有的温度控制系统，由于容量滞后大，T_1往往要在15min以上。另外，选取δ值时尚应注意测量部分的量程和控制阀的尺寸，当量程小或控制阀的尺寸选大了时，δ值应适当选大一些。

表7-6 控制器参数的经验数据表

控制对象	对象特性	$\delta/\%$	T_1/min	T_D/min
流量	对象时间常数小，参数有波动，δ要大；T_1要短；不用积分	40~100	0.1~1	
温度	对象容量滞后较大，即参数受干扰后变化迟缓，δ应小；T_1要长；一般需要加微分	20~60	3~10	0.5~3
压力	对象的容量滞后一般，不算大，一般不加微分	30~70	0.4~3	
液位	对象时间常数范围较大。要求不高时，δ可在一定范围内选取，一般不用微分	20~80		

经验整定法的步骤：一般是先用纯比例作用进行凑试，待过渡过程已基本稳定并符合要求后，再加积分作用消除余差，最后加微分作用是为了提高控制质量。具体做法如下：根据经验，选定一个适当的δ值作为起始值，进行纯比例作用，改变给定值，观察被控变量记录曲线形状。曲线不是4:1衰减，例如衰减比大于4:1，说明选的δ值偏大，适当减小δ值，再看记录曲线，直到出现4:1为止。δ值调好后，如果余差太大，则要加积分消除余差。如要提高控制质量，则需要引入微分作用，直至满足工艺要求。

经验凑试法的关键是："看曲线，调参数"。因此，必须弄清楚控制器参数变化对过渡过程曲线的影响关系。只有这样才能顺利调试，进行整定。

7.3.2 实验指导

1. 实验目的

（1）掌握工艺参数液位L3的自动控制；

（2）掌握液位控制系统控制器的PID参数的工程整定方法：临界振荡法、衰减曲线法和经验试验法；

（3）学会对简单控制系统的过渡过程和品质指标进行分析；

（4）掌握液位检测元件及变送器、AI全通用人工智能调节仪、电动(气动)执行器的工作原理及使用；

（5）学会利用组态王计算机对工艺参数进行控制。

2. 实验步骤与要求

（1）熟悉锅炉液位L3的带控制点的工艺流程图，如图7-27所示。实验时要求自己动手用软管连通管路，并调节管路上手动阀的开启程度，使流程畅通。

（2）画出锅炉液位L3的简单控制方块图，指出被控对象、被控变量、操纵变量和可能的干扰变量。

（3）确定被控对象、控制阀和控制器的正反方向。

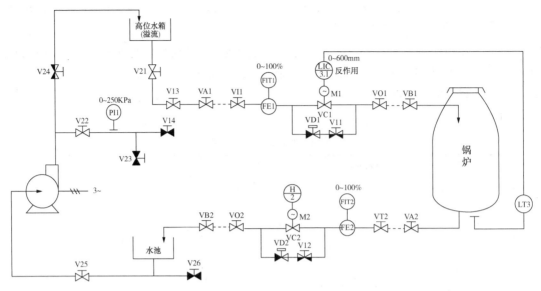

图 7-27　锅炉液位简单控制系统的工艺流程图

（4）理解锅炉液位 L3 的带控制点的工艺流程图中各控制符号的含义。

（5）自己动手接通控制台上的接线端子，注意信号的走向，接线图如图 7-28 所示。

注意：电源开关一定要经指导教师检查接线正确无误后才能打开。

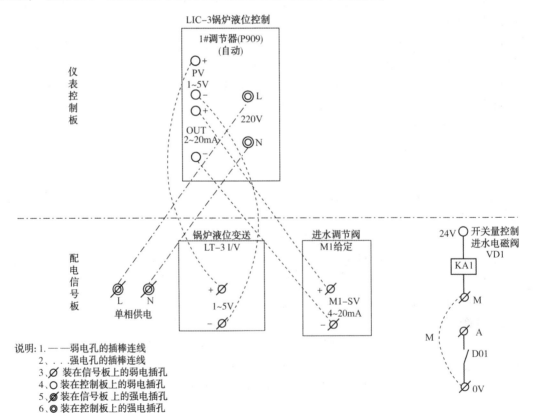

图 7-28　简单控制系统实验连线图

（6）设定控制器的有关参数，对控制器的比例度δ、积分时间T_I、微分时间T_D进行工程整定。

（7）实验时当被控对象加入干扰后（一般改变给定值），观察计算机数据采集系统记录的锅炉液位的实时变化过渡曲线，"看曲线，调参数"，直至得到满意的控制过渡曲线和品质指标。

7.3.3　实验数据处理与分析

液位简单控制系统控制器参数整定过程中出现类似图 7-29 和图 7-30 所示的曲线，判断是否满足要求。实验过程中，至少截屏保存四种整定过程中出现的等幅振荡、衰减振荡、非周期衰减、发散振荡四类过渡曲线。

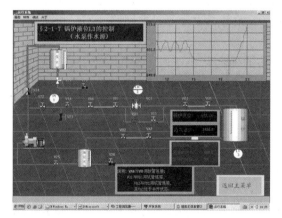
图 7-29　控制器参数整定过程曲线（a）

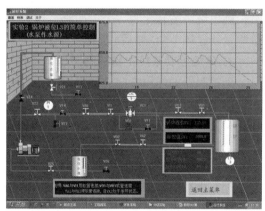
图 7-30　控制器参数整定过程曲线（b）

7.4　串级控制系统实验

7.4.1　串级控制的基本原理

1. 串级控制概念

串级控制系统是由两个被控对象、两套检测元件及变送器、两个控制器和一个执行器所构成的两回路控制系统。其中主、副两个控制器是串级工作的，主控制器的输出作为副控制器的给定值，副控制器的输出给执行器，去操纵执行器，以实现对主变量的定值控制。

串级控制系统的方块图如图 7-31 所示。

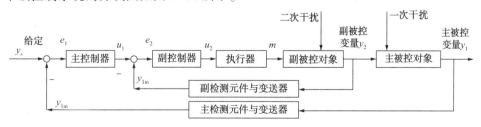
图 7-31　串级控制系统方块图

2. 串级控制系统中的常用名词和术语

主变量——是工艺的直接控制指标，使它保持平稳是控制的主要目标。

副变量——是工艺的间接控制指标，它是为了稳定主变量而引出的中间变量。

副对象——由副变量表征其特征的生产设备。

主对象——由主变量表征其特征的生产设备。

副控制器——接受副变量的偏差，其输出去控制阀门。

主控制器——接受主变量的偏差，其输出去改变副控制器的设定值。

副回路——处于串级控制系统内部的，由副变量检测元件与变送器、副控制器、调节阀、副被控对象组成的回路。

主回路——若将副回路看成一个以主控制器输出为输入，以副变量为输出的等效环节，则串级系统转化为一个单回路，称为主回路。尤其必须注意，主回路并不是指将副变量测量变送环节前(或后)断开后而形成的回路。

3. 串级控制系统主副控制器正、反作用方向的确定

副控制器的作用方向的确定原则：

按简单(单回路)控制系统各环节的正、反作用方向的确定原则确定，以构成负反馈闭环控制回路。

主控制器正、反作用的确定原则：

主、副变量同方向变化时，都要求操纵变量同方向变化(即：同时要求操纵变量都增大或都减小)，此时主控制器方向规定为"反"作用方向。

主、副变量同方向变化时，要求操纵变量的变化方向是相反的[即：主变量要求操纵变量都增大(或减小)，而副变量要求操纵变量都减小(或增大)]，此时主控制器为"正"作用方向。

4. 主、副控制器 PID 参数工程整定

1）两步整定法

按照串级控制系统主、副回路的情况，先整定副控制器、后整定主控制器的方法叫作两步整定法。其整定过程：

(1) 在工况稳定，且主、副控制器都在纯比例作用运行的条件下，将主控制器的比例度先固定在 100% 的刻度上，逐渐减小副控制器的比例度，求取副回路在满足某种衰减比(如 4：1)过渡过程下的副控制器比例度和操作周期，分别用 δ_{2s} 和 T_{2S} 表示。

(2) 在副控制器比例度等于 δ_{2s} 的条件下，逐步减小主控制器的比例度，直至得到同样衰减比下的过渡过程，记下此时主控制器的比例度 δ_{1s} 和操作周期 T_{1S}。

(3) 根据上面得到的 δ_{2s}、T_{2S}、δ_{1s}、T_{1S}，按表 7-3 ~ 表 7-6 的规定关系计算主、副器的比例度、积分时间和微分时间。

(4) 按"先副后主""先比例次积分后微分"的整定规律，将计算出的控制器参数加到控制器上。

(5) 观察控制过程，适当调整 PID 参数，直到获得满意的过渡过程曲线。

2）一步整定法

根据经验直接确定副控制器的参数，只需按简单控制系统参数整定的方法来整定主控制器的方法称为一步整定法。

一步整定法的整定步骤如下：

（1）在生产正常，是系统为纯比例运行的条件下，按照表7-7所列的数据，将副控制器比例度调到某一适当的数值。

（2）利用简单控制系统中任一种参数整定方法整定主控制器的参数。

（3）如果出现"共振"现象，可加大主控制器或减小副控制器的参数整定值，一般即能消系统振荡。

采用一步整定法时副控制器的参数根据经验参考表7-7进行设置。

表7-7　采用一步整定法时副控制器参数选择范围

副变量类型	副控制器比例度 δ_2/%	副控制器比例放大倍数 K_{p2}
温度	20~60	5.0~1.7
压力	30~70	3.0~1.4
流量	40~80	2.5~1.25
液位	20~80	5.0~1.25

7.4.2　实验指导

1. 实验目的

（1）了解什么是串级控制系统及其优越性；

（2）掌握串级控制系统主、副控制器的PID参数工程整定方法：两步整定法、一步整定法；

（3）学会对串级控制系统的过渡过程和品质指标进行分析；

（4）掌握温度检测元件铂电阻Pt100及变送器、AI全通用人工智能调节仪、电动（气动）执行器的工作原理及使用；

（5）掌握利用计算机组态软件对工艺参数进行控制。

2. 实验步骤与要求

（1）熟悉锅炉液位L3主调节串级进水流量F1副调节实验带控制点的工艺流程图，如图7-32所示。实验时要求自己动手用软管连通管路，并调节管路上手动阀的开启程度，使流程畅通。

（2）理解锅炉液位L3主调节串级进水流量F1副调节带控制点工艺流程图中各控制符号的含义，从图中明确信号的走向。

（3）画出锅炉液位L3主调节串级进水流量F1副调节的串级控制系统方块图，指出主对象、副对象、主变量、副变量、操纵变量和可能的主、副回路的干扰变量。

（4）确定主、副对象、主、副控制器和控制阀的正反方向。

（5）自己动手接通控制台上的接线端子，注意信号的走向，接线图如图7-33所示。注意：电源开关一定要经指导教师检查接线正确无误后才能打开。

（6）采用一步整定法，根据经验先将副控制器的参数一次调好，不再变动，然后按一般单回路控制系统的整定方法直接整定主控制器的参数，其中采用一步整定法时副控制器的参数选择范围如表7-7所示，主控制器的参数参照简单控制系统的整定。

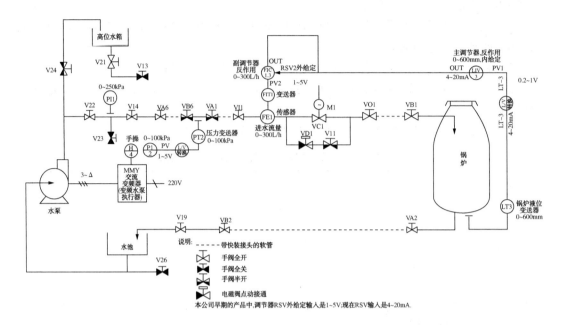

图 7-32 锅炉液位串级控制系统的工艺流程图

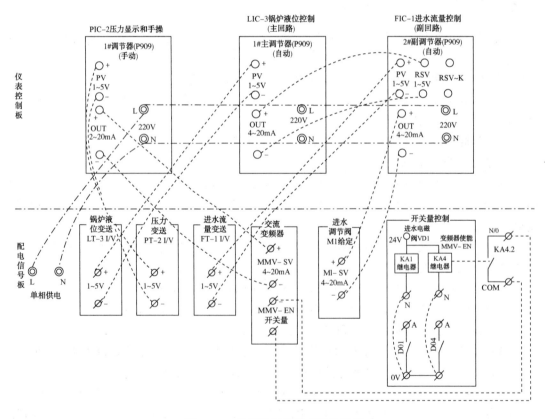

图 7-33 串级控制系统实验连线图

（7）实验时当观察到副环有干扰时（可手操调节进水压力控制器的给定值，改变进水流量的压力使副变量——进水流量 F1 产生扰动），观察串级控制系统主、副变量的变化情况。

（8）实验时当观察到主环有干扰时（可手操调节出水流量控制器的给定值，改变出水流量使主变量液位 L3 产生扰动），观察串级控制系统主、副变量的变化情况。

（9）参数整定过程中，"看曲线，调参数"，直至得到满意的控制过渡曲线和品质指标。

7.4.3　实验数据处理与分析

记录主、副控制器的参数整定结果为：

$\delta_1 =$　　　　　　$T_{I1}(I_1) =$　　　　　　$T_{D1}(D_1) =$

$\delta_2 =$　　　　　　$T_{I2}(I_2) =$　　　　　　$T_{D2}(D_2) =$

串级控制系统控制器参数整定过程中出现类似图 7-34 和图 7-35 所示的曲线，判断是否满足要求。实验过程中，至少截屏保存四种整定过程中出现的等幅振荡、衰减振荡、非周期衰减、发散振荡四类过渡曲线。

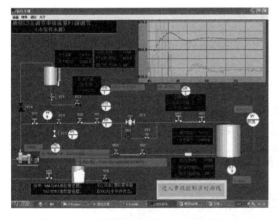 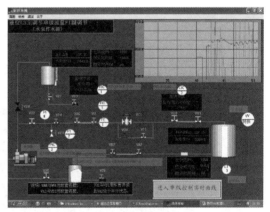

图 7-34　控制器参数整定过程曲线（c）　　　图 7-35　控制器参数整定过程曲线（d）

第8章 过程装备成套技术综合实验

8.1 过程装备成套装置介绍

过程装备成套实验装置如图8-1所示。该系统集成专业实验装置，由多功能动态提取浓缩机组模块、高效动态吸附树脂机组模块、精馏塔模块及控制系统组成，可组合成生产线，也可单独作为一个组合体使用。集中展示过程装备与控制工程专业及化工过程机械学科的主要单元设备(换热器、储罐、搅拌釜、塔器、分离器、泵、压缩机等)以及管道、阀门、安全泄放装置、测控仪器仪表、法兰、视窗等；实现常见信号(压力、温度、流量等)的测量；展示集散控制系统(DCS)及可编程控制系统(PLC)；具有开放网络体系扩展功能。

图8-1 过程装备成套实验装置

该成套系统可以实现如下功能：

(1)为本科生提供实验及实习场所。可开展萃取、传热、多相流、内压、真空、分离、精馏、控制等实验，开发设计新实验等；过程装备成套实验装置的集中展示；单元设备的拆装实训等。

(2)为研究生提供实验平台。预留接口模块化结构为化工过程机械及动力工程学科的多个方向提供了实验研究平台，将有力改善研究生的实验条件。

(3)为专业教师提供科研平台，为学科多个方向提供便捷的实验平台。

系统工艺流程图如图8-2所示，基本的参数设置及操作控制，通过触摸屏(如图8-3)实现。

130

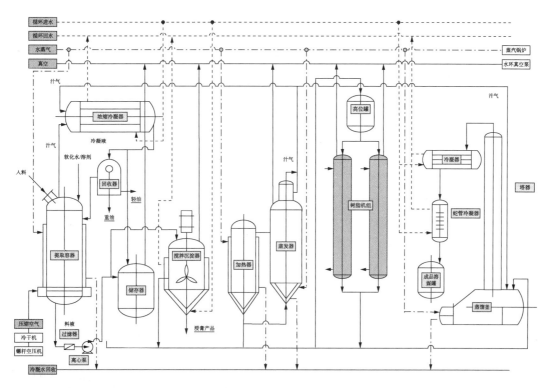

图 8-2　过程装备成套实验装置及工艺流程图

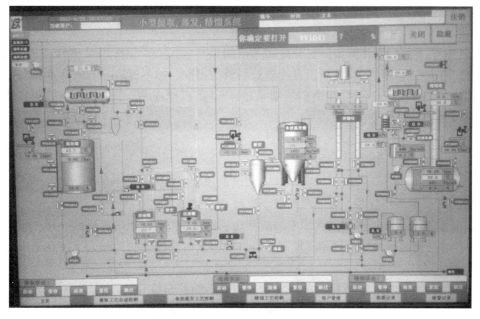

图 8-3　过程装备成套实验装置触摸屏控制操作界面

8.2　成套系统操作指导

8.2.1　提取浓缩模块操作说明

1. 出渣门的锁紧和打开

（1）闭锁关门：先按一下提升气缸关闭按钮，气缸动作关盖，关盖到位后，按一下锁紧按钮，锁紧气缸动作，锁紧门。

（2）解锁开门：先按一下解锁按钮，气缸动作开锁，开锁到位后，按一下开盖按钮，提升气缸动作，打开门。

2. 全系统真空程序

打开相关阀由真空泵抽系统真空，连通冷凝器、储罐、沉淀罐、真空泵，系统产生真空，并抽出其中的冷凝水。

3. 水蒸气蒸馏

（1）目的：提取植物中的挥发油，使挥发油和冷凝水在油水分离器中分离，挥发油被收集，冷凝水排回提取罐。

（2）方法：常压。

（3）温度（供参考）：常压下，沸点大约为96℃。

（4）开进液阀，向提取罐注入少量水。开底部蒸汽阀加热，产生蒸汽，进入提取冷凝段，冷凝液进入油水分离器；底部挥发油由油水分离器排出，冷凝液回流到提取罐。开启油水分离器上的排气孔和冷凝液排出管上的排气孔，保持油水分离器中液面稳定。

（5）加热系统：打开手动调节阀对提取罐加热，如需直接加热，可用手动阀门底部直接加热。

（6）冷凝系统：操作开始，打开冷却进水阀。

（7）排渣：挥发油提取完后，继续进行料液的提取。如不提取，开阀底部排液口，排净提取罐中的水分，按上述"出渣门的锁紧和打开"的操作程序，打开渣门，排出料渣。

4. 常压提取及真空浓缩

（1）目的：节省时间，减少溶媒用量。

（2）方法：常压提取真空浓缩。

（3）操作：

① 打开提取循环管路、泵，对提取罐进行液体搅拌。

② 开阀对提取罐加热，提取罐中的溶液达到沸点100℃后开始热回流操作；开启系统真空；此时打开阀单效加热室和蒸发室进料，进料量由液位控制，液面维持在下数第一个视镜的中部。

③ 料液在加热室、蒸发室内循环并由提取罐不断补充料液。

④ 开阀进行加热，单效蒸发室产生的汁气经浓缩冷凝段进入储罐或沉淀罐。

⑤ 提取罐产出的汁气进入冷凝器进行冷凝，通过油水分离器返回提取罐，冷凝时应注意冷凝液的温度。

⑥ 从管道视镜观察，当提取液无色时，说明提取已完成，关闭蒸汽阀，液体由泵排

入提取液储罐，排液结束，停止泵。

⑦ 最终浓缩：开动真空泵、调节蒸发器真空度，使之达到沸点的要求。在浓缩过程中开阀由真空泵将冷凝液抽出。用密度计检测，达到相对密度为 1.10 时，将加热室的料液全部抽入蒸发室，此时通过相关阀门操作，在常压的加热室上部与真空的蒸发室之间形成压差，将料液由加热室、管道吸入蒸发室；如需继续收膏，开阀 R3、电机 M2，通入压力 ≤0.07MPa 的蒸汽继续浓缩，最后浸膏相对密度可达 1.30。

⑧ 浓缩液醇沉后进行收膏：水/醇提液经过醇/水沉纯化处理过的上清液，用真空吸料的方法，吸入蒸发室和加热室中加热，回收酒精，酒精蒸气进入冷凝器、提取液储罐，通过泵产生真空。料液收膏方法同⑦所述。达到相对密度要求后，解除蒸发室、储罐的真空后，停止真空泵 M1，料液放入成品罐，回收酒精。同时打开蒸发室手孔，人工清理残留料液。

⑨ 排渣：提取罐中的液体经排净后，按上述"出渣门的锁紧和打开"的操作程序，打开出渣门，排出料渣。

⑩ 设备清洗：

a. 提取罐：开阀 F11 向提取罐注入规定高度的水，开阀、泵 M 进行循环清洗，洗净后经阀由底部排出；

b. 单效浓缩器：开阀向提取罐注入规定高度的水，开阀、泵 M 对单效浓缩器进行循环清洗，洗净后由底部排放；

c. 储罐：开阀向提取罐注入规定高度的水，开阀对储罐进行循环清洗，洗净后由底部放。

5. 水提分次常压提取

（1）提取次数：2~3 次，第一次时间为 3h，第二次时间为 2h，第三次时间为 1.5h 或根据工艺要求。

（2）提取温度：提取罐为 100℃，单效浓缩器蒸发温度为 60℃。

（3）操作程序：

① 第一次提取：

a. 加料并加水，至指定高度；

b. 开阀、泵 M 对提取罐进行搅拌和加热，提取罐内液体温度为 100℃，保持微沸；

c. 开阀，冷凝液通过油水分离器流回提取罐；

d. 开阀、泵 M，第一次提取液送入储罐，关泵。

② 第二次提取：步骤 a、b、c、d 同第一次提取，提取液送入储罐。

③ 第三次提取：步骤 a、b、c、d 同第一次提取，提取液送入储罐。

④ 进行第二次提取的同时，可进行提取液浓缩。开真空泵、阀，用真空吸料方法将提取液吸入单效加热室，当蒸发室中有料液时，进行浓缩操作，蒸发蒸汽通过冷凝器冷凝后被真空泵排出。此时提取罐进行第二次提取，罐内产生的微量蒸汽进入冷凝器。最后浓缩时，物料输送管路中的料液用真空吸料方法抽入储罐，再用真空方法吸入单效加热室后关阀。

⑤ 收膏：加热室和蒸发室可同时收膏为相对密度 1.10，如需更高相对密度，在蒸发

室中单独收膏，关闭 R2、F25，开阀 F24 将料全部吸入蒸发室，关闭 F24，开阀 R3，开电机 M2，收膏到相对密度为 1.40。

⑥ 排渣：同前述操作。

⑦ 浓缩液纯化后回收酒精和收膏，方法同前。

⑧ 设备清洗，方法同前。

⑨ 洗涤后关闭所有阀门，停掉电源开关。

6. 醇提分次常压提取

（1）提取罐常压，单效浓缩器常压回收乙醇，也可以采用真空回收。

（2）提取次数：可 2 次，也可 3 次。

（3）本机组设一个储罐、一个沉淀罐、一个冷凝器，乙醇提取时，提取过程中沉淀罐可以当作储罐来使用。

（4）操作程序：

① 第一次提取：

a. 开阀进乙醇到规定高度，开阀加热至提取罐规定液体温度，开阀，使冷凝乙醇自流回提取罐。

b. 开阀对乙醇进行冷凝，使气体乙醇充分冷凝。

c. 开阀、泵进行自身搅拌。

d. 按设定时间第一次提取后进行浓缩，开阀 F、真空泵、泵，当料液充满到蒸发室下数第一个视镜中部时，开阀加热进行蒸发，酒精冷凝液进入储罐。当提取罐中没有提取液时，可进行第二次提取。开阀对乙醇蒸气冷凝，应使其冷凝彻底，调节水量。蒸发浓缩过程中，蒸发室的真空度由阀调节。

② 第二次提取，重复上述，a、b、c 项。

③ 第三次提取，重复上述 a、b、c 项。第三次提取结束后，进行提取液浓缩，重复上述 d 项。

④ 第三次提取，重复上述 a、b、c 项。第三次提取结束后，进行提取液浓缩，重复上述 d 项。

⑤ 浓缩至相对密度为 1.05~1.10 左右时，管道和加热室中存有料液，应将其全部抽入蒸发室，可排入成品罐，也可以进一步收膏。此时，关阀将料液抽入蒸发室，可收膏到相对密度为 1.30。具体操作如前。

⑥ 收膏后解除蒸发室和储罐真空，停真空泵，稀乙醇从储罐放出，浸膏放入成品罐。

⑦ 洗涤后关闭所有阀门，停掉电源开关。

7. 注意事项

（1）由于加热室加热管温度较高，待加热室中无料液时，应放水将加热管浸泡，以防干管。

（2）各加热室凝结水系使用热力式疏水器，由于在蒸汽加热时，原存在设备中的凝结水没有被加热，此时凝结水不能被排除。可将旁通阀打开，待有蒸汽从管中排出时，旁通阀关闭，疏水器可正常工作。

（3）整个机组应防静电接地可靠，防止醇提时发生意外。

8.2.2 酒精回收塔操作说明

（1）冷凝器蒸汽入口处，通入清水进行整个系统清洗，直到残液排出口排水干净为止。

（2）系统气密性试验，从稀酒精入口处充入洁净、无油的压缩空气，系统充压为0.09MPa，检查各连接处，不允许泄漏；然后以0.09MPa进行保压试验，时间24h，平均每小时压降不大于5%。

（3）蒸馏釜内充入稀酒精，充入量占玻璃管液位计的70%，然后通入0.2MPa蒸汽加热至99℃左右，塔顶将有酒精蒸气进入冷凝器、冷却器，同时通入冷却水进行冷凝、冷却。

（4）从回流出口定时取样化验浓度，或观察酒精比重计值，当浓度达到要求时，关闭或关小回流阀，将成品酒精放入成品罐。回流过程中，保持液位转子流量计的适当流量。

（5）当釜中料液浓度在10%左右，塔顶馏出物要达到要求浓度时，需向塔内较长时间回流，此时操作时间很长，通常此时应改为"回收中间馏分"操作，"中间馏分"为塔顶馏出物浓度低于要求浓度，将此馏分储于稀酒精储罐，下次蒸馏时使用，直至釜液含量至3%为止。采取"中间馏分"的时间和馏分量为：

① 蒸馏过程中应对釜液浓度进行化验，或随时观察比重计值，以决定采用"中间馏分"的时间，再沸器中酒精浓度为10%左右。

② "中间馏分"的浓度为50%左右，馏分量为每次间歇蒸馏时塔顶馏出物量的10%左右。

（6）待蒸馏的酒精应清净，如有杂物，应加装过滤器。

（7）系统中自控装置、料液泵应为防爆型。

（8）应保持良好的通风条件，防止酒精蒸气积聚，发生事故。

（9）所有设备应静电接地良好。

（10）釜残液排放管应直接通入下水道，以防止由于塔釜液温度较高，发生烫伤。

8.2.3 提取浓缩模块自控程序步骤说明

1. 启动前准备

人工检查确认冷却水；蒸汽、压缩空气开启；溶媒储罐量充足；加溶媒管路手动阀开启。

2. 程序启动

操作人员输入工号和专属密码，启动程序，开始提取机组程序控制。

3. 参数检查

检查管理参数及中间参数设置。

4. 程序操作

1）常压提取

真空浓缩，首先启动提取工段。进行收挥发油操作：

（1）人工投料：核对投料量及品种，人工输入品名、批号、(投)药量、物料名称、溶媒种类；投料完毕，封闭投料口，"确认"投料过程结束；开始运行"蒸馏加溶媒"程序。

（2）蒸馏加溶媒：蒸馏溶媒量 C1 = 蒸馏投料量×蒸馏溶剂倍数。

加溶媒前开启VV1002、油水分离器放空阀。

加水：开启VV1010，开始加入溶媒；溶媒加入量达到设定的进料量，自动关闭进料阀。

加有机溶剂：确认人工开启SF26、SF29、SF10、SF33后，自动开启VV1015，泵P101，开始加入溶媒；溶媒加入量达到设定的进料量，自动关闭VV1015进料阀，关闭泵，人工关闭调配罐相关手阀。

（3）提油加热：

管路排积水：开启阀VV1037、VV1045、VV1038、VV1039，开VV1043，排蒸汽管路积水，时间到"蒸汽疏水时间"，关闭冷凝水管路气动阀，开始蒸馏加热。

蒸馏加热：开启VV1037、VV1045、VV1038、VV1039进入蒸汽加热状态，至设定蒸馏温度（一般为沸腾状态）；关闭VV1038，调节蒸汽压力，保持罐内稳定沸腾状态。

罐内加热开始时，自动开启冷凝器，冷却器进水。

提油时间到设定时间，提示出挥发油；操作手动阀出精油。

如出现冷却水出口温度高于设定、提取罐内压大于设定、夹套压力大于"提取蒸汽压力上限"，且状况持续30s以上（时间最好可设定）时，关闭设备蒸汽总阀，开启蒸汽冷凝排空，并查找原因。

（4）蒸馏出液（初始工艺参数设备）：

出液排废：关闭蒸汽调节阀VV1037、VV1045、VV1039及冷凝器进水阀，开提取出料阀VV1014、泵前排废手动阀，进行最后出液。

不出液：存储到提取罐内作为原始溶媒使用，自动运行至"提取加溶媒"。

（5）蒸馏结束：输出蒸馏报表；确认蒸馏结束。

2）分次提取（不需要提油直接操作此步程序）

（1）人工投料：核对投料量及品种，人工输入品名、批号、（投）药量、物料名称；投料完毕，封闭投料口，"确认"投料过程结束。

（2）提取加溶媒：

开始自动运行"提取加溶媒"程序；初始提取次数＝0。

提取次数+1：当前提取次数＝前提取次数+1；每加溶媒1次，提取次数+1。

当前提取次数＝1：加溶媒量C1＝总投料量×一次溶剂倍数（第一次加溶媒，根据有没有提油程序分别设定加溶媒量C1），加溶媒操作同上述"蒸馏加溶媒"操作。

（3）提取加热：

① 管路排积水：开启阀VV1037、VV1045、VV1038、VV1039，开VV1043，排蒸汽管路积水，时间到"蒸汽疏水时间"，关闭冷凝水管路气动阀，开始蒸馏加热。

② 提取加热，开启VV1037、VV1045、VV1038、VV1039进入蒸汽加热状态，至设定提取温度（一般为沸腾状态）；关闭VV1038，调节蒸汽压力，保持罐内稳定沸腾状态；进入提取保温时间。

③ 罐内加热开始时，自动开启冷凝器，冷却器进水。

④ 如出现冷却水出口温度高于设定、提取罐内压大于设定、夹套压力大于"提取蒸汽压力上限"，且状况持续30s以上（时间最好可设定）时，关闭设备蒸汽总阀，开启蒸汽冷凝排空；并查找原因。

（4）提取保温：

根据程序设定的提取保温时间进行计时；提取保温时间内依靠罐底蒸汽加热来保持恒温（当依靠底部加热不能保持恒温时，可同时开启夹套蒸汽加热）。

（5）出液：

① 提取保温时间到，提取保温结束，关闭 VV107、VV1045、VV1039，提示进入提取出液工序。

② 检查沉淀罐状态及相关手动阀门是否处于安全状态。

③ 提取出料：开启 VV1014、VV1016、VV1025、VV1025，料液进入沉淀罐。

通过进料流量计和提取罐液位判断是否出液完毕，并进行人工确认，进行 2 次加液。

当提取罐进入最后一次提取保温阶段时，开启浓缩程序。

（6）二次/三次提取：

① 当前提取次数 = 2：加溶媒量 C2 = 总投料量×二次溶剂倍数。

当前提取次数 = 3：加溶媒量 C3 = 总投料量×三次溶剂倍数。

② 加溶媒，加热操作同上述"2)（2）~2)（5）"。

（7）提取次数判断：

当前提取次数≤提取次数设定，程序提示下一步加液、加热、保温、出液程序。

当前提取次数>提取次数设定，提取过程结束，提示出渣操作。

（8）出渣：

① 人工检查提取罐出渣周围，确认正常后，进行出渣操作。

② 人工开盖，出渣；提取罐人工喷淋清洗；人工清理罐盖；人工关罐盖。

③ 提取出渣门开启关闭程序：

开启时，首先启动锁紧气缸，确定锁紧解除；然后开启提升气缸，确定开渣门完全打开；气缸开门结束。

关闭时，首先启动提升气缸，确定开渣门到位；然后开启锁紧气缸，确定气缸完全锁紧；气缸关门结束。

（9）提取结束：输出报表；程序复位；等待开始新的提取程序。

（10）当使用水作为溶媒时，蒸发冷凝液不回收；开启 VV1003、VV1004、VV1013、VV1017、VV1024、VV1006、VV1007、P501 实现单效浓缩真空。当使用有机溶剂作为溶媒时，蒸发冷凝液进入储罐，进行回收；开启 VV1003、VV1004、VV1013、VV1019、VV1020、VV1024、VV1006、VV1007、P501 实现单效浓缩真空。

（11）单效浓缩系统进料：

① 单效浓缩器系统真空度≥进料真空度，开启 VV1029、SF13、VV1032 进料。

② 根据浓缩器浓缩液位，用进料调节阀确定预浓缩进料量，并记录确切数据。

③ 进料达到浓缩液位时，进行浓缩加热。

（12）单效浓缩器加热浓缩：

① 排管路排积水：开启 VV1040、VV1046、VV1042、VV1044，排蒸汽管路积水，时间到"蒸汽疏水时间"时，关闭 VV1044，开始浓缩加热。

② 浓缩器温度升高达到设定的浓缩温度，用蒸汽调节阀调节蒸汽量，保持浓缩恒温状态。

（13）蒸发冷凝液收集罐排液：

提取罐使用水作为溶媒时，蒸发冷凝液不回收，通过真空管道，经真空泵排气口直接排放。

提取罐使用有机溶剂作为溶媒时，蒸发冷凝液进入储罐回收。

由于储罐容积有限，如罐内液位达到高位时，需要排出部分液体，才能继续进行工作。

程序操作：排液时，首先关闭 VV1040、VV1029，然后关闭 VV1032、P501、VV1019、VV1020，开启 VV1021 解除储罐真空，提示进行排液；确认开启 SF11、SF33 等相关手动阀门并进行确认后，自动开启 VV1022、VV3004 进入回收塔暂存。

当储罐到达低液位后，系统提示关闭相关手动阀，继续进行浓缩；关闭 SF11、SF33 进行确认后，自动关闭 VV1022、VV1021，开启 VV1029、VV1032、VV1019、VV1020、P501、VV1040 继续进行浓缩。

（14）单效浓缩器补液浓缩：

单效浓缩器稳定工作后，蒸发器液面逐渐降低，为保证浓缩器的正常运行，需要补充料液维持浓缩器内液面的稳定。

① 补液过程以浓缩器设定的液位为基准，通过进料阀 VV1032 和浓缩器浮球液位来联锁控制，保持液面稳定。

② 浓缩器温度与蒸汽联锁控制，保持浓缩恒温控制。

③ 蒸发器真空度显示数据维持在一个稳定值。

（15）单效浓缩器停止进料：

① 单效浓缩稳定工作，储罐液位逐渐降低。

② 当醇沉液储罐液位降至低液位后，通过进料浓缩器真空度来确定，储罐料液已经完毕，关闭进料阀 VV1032，停止进料。

③ 继续工作，提高浓缩密度；在整个运行过程，在线密度计始终保持工作状态。

（16）单效浓缩器料液转移：

① 当料液密度达到一定程度后，浓缩器料液转移到蒸发器继续进行浓缩。

② 关闭 VV1042、VV1006，开启 VV1031，料液从加热器向蒸发器转移。当蒸发器真空降到设定值后，关闭 VV1007；开启 VV1041，继续进行浓缩；料液转移完成后，由于抽入大量空气，浓缩器密度波动比较大，设定时间内的密度不作为出料参考值。

（17）初次浓缩出液：

① 当浓缩达到初始设定密度时，准备出料。

② 关闭 VV1040、VV1046、VV1013、VV1017、VV1026、VV1027、VV1031、P501，然后开启 VV1035 放空。

③ 储罐内有机溶剂转移：开启 VV1021 解除储罐真空，提示进行排液；确认开启 SF11、SF33 等相关手动阀门并进行确认后，自动开启 VV1023、VV3004 进入回收塔暂存；到达储罐低液位后，设定泵延时停止，排净罐内液体。点击确认后，液体转移结束。

（18）浓缩出料选择：

① 直接出料：提示做好出料准备，点击确认后，开启 VV1008，开始出料；设定出料时间，并进行出料完成确认。根据现场人员观测来确定料液是否完毕；机组工作过程

结束。

②直接去吸附：确定打开 SF1、SF4，人工启动 VV1030、VV1032、VV2011、VV2008、P201，料液转移到树脂吸附高位罐。

③沉淀：

如需要沉淀：浓缩液称量完成后；通过计算确定加入溶媒容积，开启冷却进水阀，输入参数，启动加溶媒程序。

提示确定开启 SF26、SF29、SF10 后，自动开启 VV1016、VV1025、P101 加入溶媒；达到设定值后，停止 P101，关闭相关阀门。

进入加料液程序：确认已手动开启 SF14 后自动打开 VV1034、VV1027、P501，以真空把浓缩液抽入沉淀罐；沉淀加料过程结束。

开启 VV1028，设定沉淀罐搅拌电机开启的次数和时间间隔，以及沉淀时间；沉淀自动进行，直到沉淀过程结束。

（19）沉淀出料：

选择去浓缩：确定打开 SF12、SF14 后，重复上述"2）（10）~2）（18）"程序；直接出料，机组工作结束。

选择去树脂吸附：确定打开 SF12，人工启动 VV1030、VV2011、VV2008、P201，料液转移到树脂高位罐。

出料过程，调节旋转出料口，注意观察罐内液体状态，保证罐内清液出料彻底；清液出料完毕后，开启底部出渣阀，排渣。

（20）系统清洗：设备清洗包括提取罐、储罐清洗；单效浓缩器、沉淀罐清洗。按照提取→加热→保温→沉淀罐→浓缩→储罐的物料模式运行，清洗设备；清洗水最终通过排污管道排放。

（21）程序复位：程序完成运行，复位。

3）热回流提取

（1）人工投料：核对投料量及品种，人工输入品名、批号、（投）药量、物料名称、溶媒种类；投料完毕，封闭投料口，"确认"投料过程结束；开始运行"加溶媒"程序。

（2）加溶媒：蒸馏溶媒量 C1=蒸馏投料量×蒸馏溶剂倍数。

加溶媒前确定开启 SF10、SF33，油水分离器放空阀。

加水：开启 VV1002、VV1003、VV1010、VV1014、VV1032、VV1006，VV1007 开始加入溶媒；溶媒加入量达到设定的进料量，自动关闭进料阀。

加有机溶剂：确认人工开启 SF26、SF29、SF10、SF33 后，自动开启 VV1002、VV1003、VV1015，泵 P101、VV1014、VV1032、VV1006、VV1007 开始加入溶媒；溶媒加入量达到设定的进料量，自动关闭 VV1015 进料阀，关闭泵，人工关闭调配罐相关手阀。

溶媒进浓缩器达到设定液位后，关闭 VV1032，停止进入浓缩器。

（3）提取加热：

①管路排积水：开启阀 VV1037、VV1045、VV1038、VV1039、开 VV1043，排蒸汽管路积水，时间到"蒸汽疏水时间"时，关闭冷凝水管路气动阀，开始加热。

② 加热：开启 VV1037、VV1045、VV1038、VV1039 进入蒸汽加热状态，至设定温度（一般为沸腾状态）；关闭 VV1038，调节蒸汽压力，保持罐内稳定沸腾状态。

③ 罐内加热开始时，自动开启冷凝器，冷却器进水；

（4）浓缩加热：

① 排管路排积水：开启 VV1040、VV1046、VV1042、VV1044，排蒸汽管路积水，时间到"蒸汽疏水时间"时，关闭 VV1044，开始浓缩加热。

② 浓缩器温度升高达到设定的浓缩温度，用蒸汽调节阀调节蒸汽量，保持浓缩恒温状态。

③ 单效浓缩器补液浓缩：单效浓缩器稳定工作后，蒸发器液面逐渐降低，为保证浓缩器的正常运行，需要补充料液维持浓缩器内液面的稳定。

④ 补液过程以浓缩器设定的液位为基准，通过进料阀 VV1032 和浓缩器浮球液位来联锁控制，保持液面稳定。

⑤ 浓缩器温度与蒸汽联锁控制，保持浓缩恒温控制。

⑥ 设定回流时间；时间到提取罐停止加热，进入真空浓缩阶段。

（5）真空浓缩：

当使用水作为溶媒时，蒸发冷凝液不回收；开启 VV1003、VV1004、VV1013、VV1017、VV1024、VV1006、VV1007、P501 实现单效浓缩真空。

当使用有机溶剂做溶媒时，蒸发冷凝液进入储罐，进行回收；开启 VV1003、VV1004、VV1013、VV1019、VV1020、VV1024、VV1006、VV1007、P501 实现单效浓缩真空。

由于储罐容积有限，如罐内液位达到高位时，需要排出部分液体，才能继续进行工作。

程序操作：排液时，首先关闭 VV1014，然后关闭 VV1032、P501，开启 VV1021 解除储罐真空，提示进行排液；确认开启 SF11、SF33 等相关手动阀门并进行确认后，自动开启 VV1022、VV3004 进入回收塔暂存。

当储罐到达低液位后，系统提示关闭相关手动阀，继续进行浓缩；关闭 SF11、SF33 进行确认后，自动关闭 VV1022、VV1021，开启 VV1029、VV1014、P501、VV1040 继续进行浓缩。

单效浓缩器稳定工作后，蒸发器液面逐渐降低，为保证浓缩器的正常运行，需要补充料液维持浓缩器内液面的稳定。

补液过程以浓缩器设定的液位为基准，通过进料阀 VV1032 和浓缩器浮球液位来联锁控制，保持液面稳定。

浓缩器温度与蒸汽联锁控制，保持浓缩恒温控制。

（6）单效浓缩器停止进料：

① 单效浓缩稳定工作，提取罐液位逐渐降低。

② 当提取罐液位降至低液位后，通过进料浓缩器真空度来确定，提取罐料液已经完毕，关闭进料阀 VV1014、VV1032，停止进料。

③ 继续工作，提高浓缩密度；在整个运行过程，在线密度计始终保持工作状态。

（7）出渣：

① 人工检查提取罐出渣周围，确认正常后，进行出渣操作。

② 人工开盖，出渣；提取罐人工喷淋清洗；人工清理罐盖；人工关罐盖。

③ 提取出渣门开启关闭程序：

开启时，首先启动锁紧气缸，确定锁紧解除；然后开启提升气缸，确定开渣门完全打开；气缸开门结束。

关闭时，首先启动提升气缸，确定开渣门到位；然后开启锁紧气缸，确定气缸完全锁紧；气缸关门结束。

（8）单效浓缩器料液转移：

当料液密度达到一定程度后，浓缩器料液转移到蒸发器继续进行浓缩。

关闭 VV1042、VV1006，开启 VV1031，料液从加热器向蒸发器转移；当蒸发器真空降到设定值后，关闭 VV1007；开启 VV1041，继续进行浓缩；料液转移完成后，由于抽入大量空气，浓缩器密度波动比较大，设定时间内的密度不作为出料参考值。

（9）初次浓缩出液：

① 当浓缩达到初始设定密度时，准备出料。

② 关闭 VV1040、VV1046、VV1041、VV1013、VV1017、VV1024、P501，然后开启 VV1035 放空。

③ 储罐内有机溶剂转移：开启 VV1021 解除储罐真空，提示进行排液；确认开启 SF11、SF33 等相关手动阀门并进行确认后，自动开启 VV1023、VV3004 进入回收塔暂存；到达储罐低液位后，设定泵延时停止，排净罐内液体。点击确认后，液体转移结束。

（10）浓缩出料选择：

直接出料：提示做好出料准备，点击确认后，开启 VV1008，开始出料；设定出料时间，并进行出料完成确认。根据现场人员观测来确定料液是否完毕；机组工作过程结束。

（11）沉淀：

如需要沉淀：浓缩液称量完成后；通过计算确定加入溶媒容积，开启冷却进水阀，输入参数，启动加溶媒程序；提示确定开启 SF26、SF29、SF10 后，自动开启 VV1016、VV1025、P101 加入溶媒；达到设定值后，停止 P101，关闭相关阀门。

进入加料液程序：确认已手动开启 SF14 后自动打开 VV1034、VV1027、P501，以真空把浓缩液抽入沉淀罐；沉淀加料过程结束。

开启 VV1028，设定沉淀罐搅拌电机开启的次数和时间间隔，以及沉淀时间；沉淀自动进行，直到沉淀过程结束。

（12）沉淀出料：

选择去浓缩：确定打开 SF12、SF14 后，重复上述"2）（10）～2）（18）"程序；直接出料，机组工作结束；选择去树脂吸附：确定打开 SF12，人工启动 VV1030、VV2011、VV2008、P201，料液转移到树脂吸附高位罐。

出料过程：调节旋转出料口，注意观察罐内液体状态，保证罐内清液出料彻底；清液出料完毕后，开启底部出渣阀，排渣。

（13）系统清洗：设备清洗包括提取罐、储罐清洗；单效浓缩器、沉淀罐清洗。按照提取→加热→保温→沉淀罐→浓缩→储罐的物料模式运行，清洗设备；清洗水最终通过排污管道排放。

（14）程序复位：程序完成运行，复位。

8.2.4 酒精回收塔自控程序步骤说明

1. 程序变量

（1）工艺管理参数：品名、批号(人工输入)。

（2）工艺参数：塔釜温度、塔顶温度、塔釜残液密度、循环出液密度、成品出料量。

（3）生产中间参数：循环回流量(L/h)、塔釜压力(MPa)、塔顶压力(MPa)、加热蒸汽压力(MPa)、蒸汽疏水时间(S)、塔釜液位(MPa)、缓冲罐料液温度、冷却出液温度。

（4）报警参数：蒸汽压力高限、塔釜液位高限/低限、塔釜温度高限、冷凝器、冷却器回水温度高限。

2. 回收塔运转步骤描述

1）启动

（1）人工检查确认冷却水、蒸汽阀门开启；加取液管路手动阀开启。

（2）启动程序，开始程序控制酒精回收。

2）参数检查

检查管理参数及中间参数设置(工艺参数由管理人员在自控程序预先设置)。

3）回收塔进料

料液量达到塔釜中液位以上，进行回收加热。

4）回收塔加热回收

（1）排管路排积水：开启 VV3008、VV3009、VV3010，排蒸汽管路积水，时间到"蒸汽疏水时间"时，关闭 VV3010，开始塔釜加热。

（2）塔釜温度、塔顶温度均升高达到设定的温度后，用 VV3009 调节蒸汽量，保持塔釜恒温状态。

（3）回收塔缓冲罐达到高液位后，开启塔釜回流管路阀门、P301、V3302 进行全回流，时间约 20min(可设定)；缓冲罐液位达到高液位后，启动循环泵；低于低液位泵停止运转。

根据冷凝出液管路酒精液密度稳定状况来确定出是否达到成品酒精浓度。

（4）冷凝出液管路酒精浓度稳定，且达到设定的出液浓度后，开启冷却器进水阀、成品管路出料调节阀 VV3001，根据产品设计回收量来确定成品出料量；其余酒精全部回流到塔釜。

（5）成品酒精经冷却器同时进入成品溶媒罐。

（6）回收持续稳定进行，塔釜底部料液浓度越来越低，达到设定的排放密度后，提示开启底部出液阀，排液。

（7）当冷凝液体管道回流浓度达不到设定的出液浓度后，回收塔提高设定温度，回收中间产品。中间液储存到缓冲罐中。

（8）回收塔停止工作时，首先关闭进料阀、蒸汽调节阀和进气阀、成品出料调节阀，然后关闭冷凝器、冷却器冷却进水阀；设备停止工作。

（9）程序复位：回收塔停止工作后，程序复位。

8.3 植物精油提取综合实验

8.3.1 实验目的

1. 了解成套过程实验装置的总体流程；
2. 熟悉常用过程装备的结构特点；
3. 掌握实验测试及控制技术；
4. 培养应用流体、传热、分离、精馏、控制等知识，进行实验综合设计的能力。

8.3.2 实验步骤及安全注意事项

实验用植物原料可选择薄荷、银杏叶、橙皮、洋葱等，参照7.2节相关内容，设计实验方案，完成植物精油的提取。

实验过程中要特别注意以下事项：

1. 压缩空气

（1）系统启动前，必须检查使用主管道压缩空气状况；当压缩空气压力低于0.25MPa时，气动阀门无法正常开启，系统不能启动。

（2）当设备正常工作时，如发现阀门开启状况异常，或真空泵、离心泵运转噪声比较大，首先检查主管道压缩空气状况是否正常。

（3）当主管道压缩空气压力低于0.25MPa时，先检查空气压缩机是否正常开启；如已正常开启，检查管路、阀门是否漏气。

（4）系统工作期间，如压缩空气不正常且短时间内不能恢复到正常状态，必须使系统处于停止或暂停状态；如处在加热状态，必须手动关闭蒸汽主管进汽阀门。

2. 蒸汽

（1）系统启动前，检查使用主管道蒸汽状况。当蒸汽压力过低时，正常状态下系统不启动。

（2）预定进行的系统操作，当不使用蒸汽进行加热时，如沉淀、吸附等操作，可以选择性地进行系统操作。

（3）不使用蒸汽的操作完成后，如需要蒸汽进行下一步操作，必须等待蒸汽正常后进行。

（4）当蒸汽阀门处保温材料没有全部覆盖时，不要触碰手轮以外其他部分，以免烫伤。手轮调节时需要戴隔热手套。

3. 冷却水

（1）系统启动前，必须检查使用主管道冷却水状况，只有当冷却水正常启动后，系统才能启动。

（2）系统正常工作期间，如冷却水泵出现问题或水量不足导致冷却回水温度过高，超过设定的温度高限后，系统须停止工作。

（3）检查冷却水泵、管道、阀门、储水罐，查找原因，解除问题。

（4）冷却水问题不解决，系统不能启动。

4. 电力

（1）正常工作期间，如遇停电，系统停止工作。来电后，除非重新启动，系统不会自动启动。

（2）停电后，人工关闭蒸汽管路阀门，并将蒸汽发生器及冷却水泵人工切换到停止状态。

5. 系统设备

（1）离心泵运转时不出料可能有以下原因：

① 泵不能正常启动，检查启动电源，检查控制按钮。

② 离心泵不出液，可能是管道中进入或存在空气，使物料不能进入离心泵，检查泵前管道接头，关闭或消除进气点。

③ 正常启动后，关闭或消除进气点，若仍无液体出来，检查管道或泵端是否堵塞，及时进行清理。

（2）提取罐注意事项：

① 提取罐内有物料时，每天下班后，始终保持压缩空气机开启。

② 当因关闭不彻底，或压缩空气压力不足，导致提取罐不能正常完全关闭时，需要使用泵通过管道把罐内液体抽出到一定体积后，重新检查密封情况；确认压缩空气压力正常或关闭到位后，再使用循环管道，把抽出的液体回到提取罐，进行正常工作。

（3）当自控程序断电重启后，仔细检查程序的每项参数，是否与断电前状态完全一致，保持操作的稳定性和连续性。

停机后，如冷却回水温度或设备本身温度超过系统最高限，不能正常启动时，手动开启设备放空和冷却进液，当温度符合设备自控要求后，再转换到自动运行状态。

6. 浓缩器注意事项

（1）浓缩器正常操作液面高度不超过筒体高度的1/3处，设备最高液位绝对不能超过0.4m，否则设备有倾倒的危险。

（2）如因意外状况，导致液位高度超限：如刚达到高限，可适当调整高限，使设备可以正常工作，液位降到正常高度后，重新使高限恢复到原来数值；如超过高限很多，需要把多余的液体放出，达到正常液位后，再开机工作。

（3）当设备暂停取样后，真空度过低不能正常启动；需要关闭其他阀门，手动开启真空到一定程度后，再切换到自控状态。

（4）当设备暂停时间过长，温度超过设定的高限后，不能正常启动时，先开启真空，降低温度或加入料液，达到正常后，再切换到自控状态。

（5）浓缩器每次工作后都必须进行清洗；每半个月左右使用清洁剂进行清洗；清洗过程需要将物料排放管道进行冲洗。

7. 室内平台注意事项

（1）每次人数不多于3人，保持有序参观。

（2）小心横梁，防止碰头。

8. 室外平台注意事项

（1）每次人数不多于4人，保持有序参观。

（2）攀登爬梯必须系好安全带，攀登时确保安全带与安全扣已可靠连接。

（3）小心横梁，防止碰头。

9. 其他注意事项

（1）未经允许，不触碰阀门、开关、容器、管道、传感器、控制屏等设施。

（2）留意头顶、脚下，始终观察周围安全。

（3）不嬉戏打闹，保持有序参观。

（4）如遇意外情况，听从指导教师指挥。

8.3.3 实验数据处理与分析

（1）简述过程装备成套实验装置的总体生产工艺、单元模块设备、真空系统、蒸汽系统、循环水系统、压缩空气系统等。

（2）表述获得植物精油及浓缩提取物以及溶媒提纯的相关工艺。

（3）整理实验数据，对实验结果进行分析，探讨工艺参数对实验结果的影响。

（4）可选择进行物料衡算、阻力估算、能量分析等。

附录 实验报告模版

过程装备与控制工程专业实验

实 验 报 告

实验名称：＿＿＿＿＿＿＿＿＿＿＿＿＿＿

学　　院：＿＿＿＿＿班　　级：＿＿＿＿＿

姓　　名：＿＿＿＿＿学　　号：＿＿＿＿＿

实验时间：＿＿＿＿＿实验分组：＿＿＿＿＿

实验成绩：＿＿＿＿＿审阅教师：＿＿＿＿＿

一、实验预习（30%）

1. 实验目的

2. 主要实验仪器、设备

3. 实验原理及方案

二、实验过程(30%)

1. 实验步骤

2. 实验原始数据

三、数据处理与分析(40%)

1. 数据处理

2. 结果分析

参 考 文 献

[1] 魏新利，刘华东，张东伟．过程装备安全技术[M]．北京：化学工业出版社，2018．

[2] 闫康平，王贵欣，罗春晖．过程装备腐蚀与防护[M]．第3版．北京：化学工业出版社，2018．

[3] 冯建跃．高校实验室化学安全与防护[M]．杭州：浙江大学出版社，2013．

[4] 郑津洋，董其武，桑芝富．过程设备设计[M]．第4版．北京：化学工业出版社，2015．

[5] GB/T 150—2011　压力容器．

[6] GB/T 151—2014　热交换器．

[7] GB/T 27698—2011　热交换器及传热元件性能测试方法．

[8] HG/T 20569—2013　机械搅拌设备．

[9] GB/T 3853—2017　容积式压缩机验收试验．

[10] GB/T 15487—2015　容积式压缩机流量测量方法．

[11] 高光藩，庞明军，等．过程流体机械[M]．北京：科学出版社，2018．

[12] 戴凌汉，金广林，钱才富．过程装备与控制工程专业实验教程[M]．北京：化学工业出版社，2012．

[13] 石腊梅．过程装备与控制工程专业实验教程[M]．北京：化学工业出版社，2016．

[14] 张俊哲．无损检测技术及其应用[M]．第2版．北京：科学出版社，2010．

[15] 王毅，张早校．过程装备控制技术及应用[M]．第3版．北京：化学工业出版社，2018．

[16] 熊诗波，黄长艺．机械工程测试技术基础[M]．第3版．北京：机械工业出版社，2006．

[17] 孙炳达．自动控制原理[M]．第4版．北京：机械工业出版社，2016．